유스티노 신부의

치유의 순례기 2

유스티노 신부의
치유의 순례기 2

교회인가 2024. 8. 22.

글쓴이 김평만

1판 1쇄 인쇄 2024. 9. 20.
1판 1쇄 발행 2024. 9. 29.

펴낸곳 예지 **| 펴낸이** 김종욱
표지 · 편집 디자인 예온

등록번호 제 1-2893호 **| 등록일자** 2001. 7. 23.
주소 경기도 고양시 일산동구 호수로 662
전화 031-900-8061(마케팅), 8060(편집) **| 팩스** 031-900-8062

ISBN 979-11-87895-50-3 03980

예지의 책은 오늘보다 나은 내일을 위한 선택입니다.

* 본 저서는 가톨릭대학교 의과대학 '반석기금'의 지원을 받아 출간되었습니다.

유스티노 신부의
치유의 순례기 ❷

세 성인의 발자취를 따라서

글쓴이 김평만

예 지
Wisdom Publishing

세 성인의 삶으로의 초대

염수정 안드레아 추기경

오늘날 '제4차 산업혁명' 시대를 맞이하여 우리 일상생활의 모든 영역이 그 영향을 받고 있습니다. 인공지능(AI)으로 대변되는 새로운 기술체계는 우리 생활의 편리함과 효율성을 획기적으로 높여 주었을 뿐 아니라, 문화 예술 영역에서조차도 인간의 능력을 대체할 수준에 이르렀습니다. 이러한 과학 기술의 진보에도 불구하고 우리들은 예전보다 만족한 삶에서 멀어져 가고 있는 느낌입니다. 자신으로부터도 소외되고, 친밀한 인간관계를 맺지 못해 외로움과 고독에 시달리며 고립되어 가고 있습니다. 이러한 현실 속에서 "인간은 빵만으로 살 수 없고 하느님의 입에서 나오는 말씀으로 살아야 한다."는 예수님의 선포가 더욱 가슴 깊이 다가옵니다.

하느님의 육화된 말씀인 예수 그리스도를 인격적으로 깊이 체험하고, 다른 사람들도 그러한 체험에 도달할 수 있도록 영성 생활의 길을 제시한 우리 교회의 위대한 성인들이 있습니다. 바로 로욜라의 성이냐시오(1491-1555년)와 아빌라의 성녀 데레사(1515-1582년), 십자가의 성요한(1542-1591년)입니다. 이 세 성인은 시대를 넘어 오늘날 세계인들에게도 영성가로서 칭송을 받는 인물들입니다. 이분들은 자신들의 삶과 저작을 통해 그리스도교의 영성생활을 실천할 수 있는 구체적인 길을 제시하여 영성생활의 주춧돌을 놓으셨습니다. 또한 세 성인은 새로운 수도회를 창설(예수회)하고, 기존의 수도회(가르멜 수도회)를 개혁하여 16세기 위기에 처한 우리 교회를 쇄신하였고, 어머니인 교회에 새로운 활력을 불어넣으셨습니다.

가톨릭 의과대학 교수이면서 가톨릭중앙의료원 영성구현실장으로 소임하시는 김평만 신부님께서 위에 언급한 세 성인의 발자취를 따르는 순례기를 집필하시고, 그 책의 '추천의 글'을 제게 부탁하였을 때, 책을 보면서 가슴이 벅차올랐습니다. 김 신부님은 이 분야의 전문가답게 세 성인들의 삶과 가르침을 보다 쉽게 접근할 수 있도록 안내하고 있습니다. 그리고 이 책은 신부님께서 이냐시오 영신수련을 지도하신 피정자들과 함께 성지순례를 다녀오신 후, 성인들의 삶과 가르침을 사진과 곁들여 상세히 소개한 것이 인상적입니다. 성인들의 삶과 가르침을 성인전으로 접근하게 될 때, 딱딱하기 마련입니다. 하지만 이 책은 세 성인의 삶과 영성을 학문적인 시각보다는 일상에서 느끼고 생각해 볼 수 있도록 쉽게 풀이하고 있습니다. 성인들의 삶이 우리의 삶과는 달리 처음부터 온전한 모습으로 살았다면 쉽게 와 닿지 않았을 것입니다. 하지만 성인들 또한 세속적인 욕망과 내적 갈등의 시간을 겪고 예수님을 만나는 은총을 체험했기에, 우리 모두에게 공감을 느끼게 하고 성덕에 대한 희망을 갖게 해 줍니다.

앞으로 이 순례기를 읽고 세 성인이 실제로 활동하셨던 지역 곳곳을 직접 순례하게 된다면 훨씬 더 성인들의 삶과 가르침이 가깝게 와 닿고, 감동도 배가 될 듯합니다. 더불어 세 성인의 삶과 영적 여정을 통해 우리 자신의 삶을 뒤돌아볼 수 있다면 금상첨화(錦上添花)가 될 것입니다. 모쪼록 김 신부님의 순례기가 독자들에게 삶의 목적과 방향성을 확고히 하는데 도움이 되기를 소망합니다.

하느님의 뜻을 찾아가는 순례기

옥현진 시몬 대주교(광주대교구장)

김평만 유스티노 신부님께서《치
유의 순례기 2》를 쓰셨다는 이야기를 듣고 빨리 읽고 싶다는 생각
이 들었습니다. 1편《치유의 순례기》가 이태리 로마가 중심이었다
면, 이번엔 스페인을 배경으로 한 영성가들의 삶을 엿볼 수 있는
순례기라서 더욱 그러했습니다. 김 신부님의 편안한 안내와 더
불어 성인들의 삶에 대한 이야기가 매우 흥미로웠습니다.《치유
의 순례기》를 처음 읽었을 때 김 신부님과 로마에서 함께 경험했
던 이야기가 나와서 얼마나 재밌게 읽었는지 모릅니다. 이번《치
유의 순례기 2》를 통해서도 스페인 영성가들의 삶을 배울 수 있
고 평신도들에게 유익한 신앙독서가 되리라 믿습니다.

로마 유학 시절 포르투갈 기숙사에서 김평만 신부님을 만났습니다. 김 신부님의 첫 인상은 서울교구 신부님인데도 도회적인 분위기보다는 순박한 시골 청년 같은 순수함이 느껴졌습니다. 어느 날 김 신부님과 함께 산책하며 영성 생활에 대한 갈증을 이야기 나누던 중에 저에게 당신의 영성 지도 신부님을 소개해 주고 싶다고 말씀하셨습니다. 나는 그때 긴 유학 생활로 지쳐 있던 터라 당장 그렇게 하겠다고 말씀드리고 곧바로 그 다음 주에 그 신부님(루이스 후라도 마누엘)을 만나 뵈었습니다.

로마 그레고리안 대학 영성학부장을 지내신 후라도 신부님은 좋은 신부님의 모든 요건을 고루 갖추신 분이셨습니다. 온화하면서도 단호한 결단력을 지닌 신부님을 뵙고 바로 고해성사를 청하고 영성 지도를 받게 되었습니다. 매주 영성 지도를 받고 주일에는 후라도 신부님과 김 신부님 그리고 영성 지도를 받고 있는 다른 사제들과 함께 로마 성지순례를 다녔습니다. 6개월 정도 지도를 받고 이냐시오 한 달 피정에도 초대되었습니다. 피정 동안 쏟았던 눈물은 그동안의 삶에 대한 회개의 눈물이었습니다. 세탁기 안에 놓여 있던 낡고 해진 후라도 신부님의 속옷들을 보며 가난한 삶을 선택한 신부님의 실천적인 삶에 존경스러운 마음이 우러났습니다.

성실한 편인 나와 후라도 신부님의 애제자 김 신부님은 빠지지 않고 주일마다 로마 순례를 다니며 성인들의 삶을 듣고 묵상하며 로마 곳곳과 인근 성지를 순례하였습니다. 그리고 매달 로마 인근 수녀원에 기차를 타고 가서 하루 종일 침묵하며 하루 피정을 하면서 영성 생활의 기초를 닦았습니다. 이러한 반복적인 삶이 이냐시오 성인의 영적 훈련의 일환임을 나중에야 깨닫게 되었습니다. 후라도 신부님은 이냐시오 한 달 피정 후에도 1년에 한 번은 8일 피정을 권해 주셨고, 매주 고해성사를 통해 하느님의 사람으로 거듭나도록 우리를 인도해 주셨습니다.

후라도 신부님에 대해 이렇게 길게 소개한 이유는 김평만 신부님이 후라도 신부님의 제자로서 이냐시오 영성에 관한 논문을 쓰셨고, 후라도 신부님의 가르침을 고스란히 순례기에 담고 있습니다. 특히, "모든 것은 하느님의 보다 큰 영광을 위해서(Ad Majorem Dei Gloriam)"라는 이냐시오 성인의 모토대로, 이냐시오 성인과 가르멜 수도회의 개혁을 위해 일하셨던 아빌라의 성녀 데레사, 그리고 십자가의 성요한의 삶까지 위 세 분을 들여다보는 매우 좋은 기회이기 때문입니다. 그래서 김 신부님을 통해서 후라도 신부님의 정신을 독자들이 조금이라도 느꼈으면 하는 바람에서 강조하였습니다.

영성가들의 삶은 우리가 감히 흉내 낼 수 없는 커다란 업적을 남기는 것이 아니라, 우리와 같은 상황에서도 하느님에 대한 사랑으로 자신을 더 극기하고 끊임없이 하느님의 뜻을 찾아가는 것임을 순례기는 담담하게 알려줍니다. 또한, 김 신부님도 순례 중에 전혀 예상치 못한 상황에서도 당황하지 않고 하느님의 깊은 뜻을 찾아가는 모범을 우리에게 보여 주고 있습니다. 일상생활 안에서 발생하는 어려운 순간에 우리는 간혹 길을 잃고 방황하기도 합니다. 그럴 때마다 성모님이 걸으셨던 모범적인 신앙의 길을 기억하며 이 책이 각자 인생 순례에 한 권의 길잡이가 되길 바랍니다.

감사의 글

2020년 《유스티노 신부의 치유의 순례기 1》이 출간된 후, 4년 만에 또다른 《치유의 순례기 2》가 시리즈로 출간되었습니다. 새로운 순례기를 집필할 수 있도록 제게 영감과 재능을 허락하신 주님께 감사와 찬미를 드립니다.

더불어 이 순례기를 출간하기까지 많은 격려와 도움을 아끼지 않으신 분들께 이 지면을 빌려 감사를 전합니다. 우선 바쁘신 가운데도 저의 졸작을 꼼꼼히 읽어 주시고 과분한 '추천의 글'을 써 주신 염수정 안드레아 추기경님께 깊은 감사를 드립니다. 염 추기경님은 제가 소임하고 있는 의과대학과 보건사목분야의 중요성을 강조하시며 따뜻한 위로와 격려를 아끼지 않으셨습니다.

더불어 이 책의 또 다른 '추천의 글'을 부탁드렸을 때, 기꺼이 응답해 주신 옥현진 시몬 대주교님께 깊이 감사드립니다. 옥 대주교님께서는 교구의 공사다망한 일과로 휴식을 취할 틈도 내기 어려우신 데도 불구하고, 과거의 소중한 추억을 담은 애정어린 추천사를 써 주셨습니다.

그리고 이번 성지순례에 함께 했던 순례 동반자분들께 감사드립니다. 순례 기간 동안 제게 나누어주신 체험들과 다양한 에피소드는 순례기를 집필하는 데 아이디어를 제공해 주고, 글을 풀어나가는 데 좋은 소재가 되었습니다. 덕분에 순례기의 내용이 좀 더 풍요로워질 수 있었습니다.

끝으로 제 졸저가 한 권의 책으로 나오기까지 거친 문장들을 윤독해 주시고 글의 품격을 높여 주신 어진봉 프란치스카 작가님, 순례 중에 좋은 사진을 담아내기 위해 자신의 순례를 희생하신 이형준 아우구스티노 형제님, 순례기의 내용에 상응하는 적절한 사진을 찾느라 혼신을 다하신 남호우·장영섭 형제님, 이번 순례에 많은 지원과 배려를 해주신 홍성준 대표님, 여러 번의 세심한 수정 보완 작업과 편집에 정성을 다해 주신 예지 출판사 김종욱 플로라 대표님을 비롯한 모든 편집진께도 감사드립니다.

2024년 9월 8일 성모성탄축일에
반포단지 성의교정에서
김평만 유스티노 신부

차례

"보화를 썩히는 것은
하느님의 뜻이 아닙니다"

필자는 이탈리아 유학 생활을 마치고 귀국하여 2006년부터 지금까지 18년째 가톨릭 의료기관인 CMC(가톨릭중앙의료원)에서 봉직하고 있다. 유학 중에 영성 신학을 전공하였기에 귀국하면 신학교로 발령을 받아 학생들을 가르치며 영성지도 소임을 맡게 되리라고 예상했다. 하지만 기대와는 달리 의사를 양성하는 가톨릭 의과대학으로 발령받았다. 당시 가톨릭 의과대학에서는 '옴니버스'라는 의료인문학 교육과정을 신설했고, 필자는 그 교육과정 개발 책임교수로 소임하게 되었다. 그리고 얼마 후에는 가톨릭중앙의료원 영성구현실장도 겸직하게 되었다.

　필자는 미래 의료인이 될 학생들과 가톨릭 의료기관에 몸담고 있는 교직원들에게 치유자 예수그리스도의 의료 정신을 심어주고, 환자의 육체뿐 아니라 마음까지 보살피는 전인 치유 역량을 갖추도록 여러 교육 개발과 실행에 전념하고 있었다. 주어진 소임에 몰입하다 보니 필자가 전공한 이냐시오 영신수련을 가르치거나 공유할 기회는 갖지 못했다.

그러던 중 필자가 책임자로 일하는 부서에서 임상사목교육 (CPE: Clinical Pastoral Education)을 담당하는 수녀님께서 필자가 전공 분야를 살리고 있지 못한 상황을 안타깝게 여기시며 10여 년 전 한 가지 제안을 하셨다. "임상사목교육을 수료하신 분들을 대상으로 '이냐시오 영신수련 8일 피정'을 심화 프로그램으로 진행하면 어떨까요?" 필자는 이 제안에 바로 답을 드리지 못했다. 주저한 이유는 의과대학은 일반대학과 달리 방학 기간이 짧아서 10여 일간 시간 내기가 쉽지 않아서였다. 그리고 '이냐시오 영신수련을 받기 위해서는 8박 9일간의 시간이 필요한데 과연 참여자가 얼마나 있을까?' 하는 의구심도 있었다. 영신수련 피정을 제안하신 수녀님께서는 "피정자를 모집하는 것과 피정 준비는 모두 내가 할 테니 신부님은 그저 시간만 내달라."고 하셨다. 그리고 **"힘들게 공부해 습득하신 보화를 창고에서 썩히는 것은 하느님의 뜻이 아닙니다."**라고 덧붙이셨다.

이러한 수녀님의 요청이 자극이 되기도 했고, 전공자로서 책임감도 생겨나 이냐시오 영신수련 피정을 1년에 한 차례씩 봉사하기로 마음먹었다. 그리하여 2016년부터 지금까지 매년 여름 방학 기간을 활용하여 임상사목교육 수료자들을 대상으로 이냐시오 영신수련 8일 피정을 실시해오고 있다. 영신수련 피정을 마칠 때마다 필자의 전공을 활용하도록 이끌어주신 수녀님께, 그리고 좋은 몫을 실천하도록 은총을 주시는 주님께 감사드린다. 그동안 영신수련 중에 피정자들을 동반하면서 필자 자신도 많은 은총을 받았고, 유학 기간에 익혔던 공부를 보다 내면화할 수 있는 기회도 되었다. 가르치면서 더 많이 배운다는 말을 실감한다.

피정자들도 영신수련 중에 많은 은총을 체험한다. 하지만 시간이 흐를수록 그 은총 체험들이 옅어져 가기 마련이다. 이러한 상황을 염려하던 수녀님께서 영신수련을 마친 분 중에 "재교육 프로그램으로 이냐시오 성인의 발자취를 따라 성지순례를 하면 어떻겠는가?"라고 제안하는 분이 많다고 했다. 필자도 재교육의 필요성을 공감하고 있던 터에 "상황이 허락된다면 성지순례 기회를 마련하겠다"고 화답하였다.

최근 3년간은 코로나바이러스 창궐로 그 계획을 실행할 수 없었다. 코로나가 어느 정도 진정된 2023년에 이르러 구체적인 순례 계획을 마련하였다. 순례 기간을 2024년 2월 12일부터 2월 22일까지 9박 11일간으로 정하고 함께 떠날 분을 모집했다. 호응이 좋아서 모집 공고 이틀 만에 순례 인원이 마감되었다.

순례는 길을 떠나기 전부터 시작된다. 준비 과정부터 이미 순례의 한 여정이다. 우리는 사전 미팅을 통해 순례에 필요한 준비를 해나갔다. 참가자들을 4개 조로 나누어 조별 생활 수칙과 각자 역할을 정하고, 조원끼리 화합을 다지는 시간을 가졌다. 순례 기간 동안 함께 바칠 순례 기도문은 구성원들의 응모를 통하여 준비하였고, 순례지에서 조촐한 시상도 하였다.

또한 조장이 중심이 되어 순례할 성지들에 대한 정보를 책과 인터넷에서 찾아보고 공유할 수 있도록 워크북도 제작하였다. 이러한 일련의 준비 과정은 참여자들에게 성지순례의 기쁨을 미리 맛보게 하는 시간이었다. 또한 순례 기간 동안 삼위일체이신 하느님과 성인들의 보우하심에 마음을 열고 무사히 순례를 마치게 하는 원동력이 되었다.

세 성인의 발자취를 따라서

성지순례 출발의 날이 밝았다. 아침 9시 우리 일행은 인천공항 출국장에 모였다. 모두 제 시간에 집결한 덕분에 바로 탑승 수속을 마칠 수 있었다. 다 함께 모여 여행사 직원으로부터 간단한 주의 사항을 듣고, 단체 사진 촬영을 마친 후 우리는 각자 개별적인 용무를 보고 여객 탑승장 앞에서 만나기로 했다.

우리 순례단은 총27명인데 평균 연령대는 60대 중반쯤 되었다. 인생의 황금과도 같은 시간을 보내고 있을 시기에, 우리는 순례의 여정을 위해 각자의 삶을 잠시 내려놓고 성인들의 초대에 응답한 것이다.

지금으로부터 4년전에도 필자는 이태리 성지순례를 가기 위해 순례단과 함께 이곳 출국장에 모였었다. 그 때는 출발부터 우려스러웠다. 바로 코로나-19가 시작되었지만 확산되기 직전의

■ 성지순례 출발하는 날 인천공항 출국장에서 순례단

폭풍전야였다. 당시 우리 일행은 만약의 사태에 대비하기 위하여 모두 마스크를 착용하였고 혹시 현지인들이 우리를 코로나의 발원국인 중국에서 온 사람들로 오해할까 싶어서 태극기 마크까지 구해서 각자 가방과 옷에 달았다. 하지만 이번 출발 때는 감염병에 대한 경계 경보나 독감 주의보 등이 없어서 평온하게 출국심사를 받았다. 단지 러시아와 우크라이나 간 전쟁이 끝나지 않아서 유럽 비행 노선이 변경되었고, 그 때문에 예전 비행시간보다 2시간 더 소요되었다.

순조롭게 비행기에 오르자 비행기는 곧 기착지 바로셀로나를 향해 출발했다. 바르셀로나까지 14시간이 소요되기에 비행시간 동안 이번 성지순례를 위해 만든 가이드 북과 순례를 위해 필요한 참고 도서를 꺼냈다.

이번 순례의 공식 명칭은 '2024 성이냐시오 루트 성지순례'라고 명명했지만 실제로 이것이 정확한 명칭은 아니다. 순례 중에 로욜라의 성이냐시오의 발자취가 담긴 장소뿐만 아니라 스페인 중부에 위치한 아빌라의 성녀 데레사, 십자가의 성요한의 숨결이 스며 있는 곳도 순례지에 포함하였기 때문이다. 그래서 이번 순례의 정확한 명칭은 '세 성인의 발자취를 따라서'라고 명명해야 옳다. 하지만 명목상 이냐시오 영신수련을 마친 분들의 재교육 차원에서 이번 순례가 기획된 터라 '성이냐시오 루트 성지순례'라고 칭했다.

순례지를 향해 비행하는 동안 소중했던 옛 기억들이 하나둘 떠올랐다. 필자가 이냐시오 영신수련을 공부하게 된 것은 특별한 계기가 있었다. 1995년 1월 부제로 서품되기 전 대품 피정으로 30일간의 '이냐시오 영신수련'을 받아야 했다. 그 당시 필자는 신학교에 입학하여 성무일도, 양심 성찰, 로사리오 기도, 성경을 토대로 한 개인 묵상 등은 매일 실천하고 있었지만 '이냐시오 영신수련' 피정을 체험한 적이 없었다. **이냐시오 영신수련은 대침묵 속에서 하루에 1시간씩 다섯 번의 성경 묵상, 그리고 묵상 한 바를 하루 1시간씩 피정 지도자와 면담하는 방식으로 30일간 진행되는, 결코 쉽지 않은 피정이었다.** 그것은 마치 누에가 자기

■ 로욜라의 성이냐시오, 아빌라의 성녀 데레사, 십자가의 성요한

껍질을 벗고 나방이 되는 영적 훈련이었다.

피정 중에 어려움도 많았지만 그보다 더 큰 은총 덕분에 영적 세계에 조금씩 맛 들이게 되었다. 자기 애착과 견고한 고정관념에서 벗어나기 시작했을 때 하느님의 현존이 주는 깊은 위로를 체험하곤 하였다. 피정 후 이러한 체험이 발판이 되어 그동안 등한시해 왔던 영성 생활에 보다 큰 관심을 갖게 되었다. 영신수련 전에 필자는 교의신학 분야로 석사논문을 준비 중이었다. 그러다 영신수련을 마치고 난 후 부랴부랴 '이냐시오 영신수련을 통한 영적 여정'으로 논문 주제를 변경했다. 이냐시오 영신수련에 대한 체험이 강렬하여 영적 세계로 이끌림을 받고 있었기 때문이었다. 이것이 계기가 되어 2000년도에 교구장님께서 영성신학을 더 공부하도록 필자를 유학 보내셨다.

십자가의 성요한이나 아빌라의 성녀 데레사는 유학 전까지만 해도 필자에게 관심 밖의 성인이었다. 특히 신학생 때 가르멜 두 성인의 작품을 영적 독서로 읽곤 했는데 감흥이 없었다. 역설적 이게도 잠이 잘 오지 않을 때 두 성인의 작품을 읽으면 수면 효과 가 있어서 좋았다. 그러다 유학 중 '가톨릭 영성의 역사' 과목 수 업을 듣는 중에 강의 교수님의 한마디가 귀에 꽂혔다. 십자가의 성요한에 따르면 "향주삼덕(믿음, 소망, 사랑)의 실천은 우리 영혼 을 하느님과 일치시키면서 동시에 영혼을 정화시킨다."는 가르 침이었다. 그때 필자의 마음속 깊은 곳에서 질문이 생겼다. "어떻 게 향주삼덕을 실천하는 것이 영혼을 정화시킬 수 있을까?" 그때

■ 성지순례 이동 경로

부터 성인에 대해 공부하고 싶은 열망이 일었고, 그것이 계기가 되어 이냐시오 성인과 십자가의 성요한, 두 성인의 가르침을 비교 연구하는 공부가 시작되었다.

스페인의 두 성인에 대해 연구하고 박사논문을 써야 하기에 필자에게는 스페인어 공부가 필수였다. 따라서 유학 기간 중 방학 때마다 시간을 쪼개 살라망카에 갔다. 살라망카는 스페인 마드리드 북서부에 위치한 유서 깊은 도시이다. 그때 언어만 공부한 것이 아니라 세 성인(성이냐시오, 십자가의 성요한, 아빌라의 성녀 데레사)의 발자취를 따라 몇몇 유적지를 탐방하였다. 이런 과거 체험이 계기가 되어 이번 순례의 방향성이 정해졌다. 스페인에서 언어 공부하던 시절도 벌써 21년이 흘렀다. 이번 성지순례를 준비하면서 과거 추억이 새록새록 솟아났고, 당시 지역들은 어떻게 변했을지 호기심과 설렘이 함께한 시간이었다.

현지 시간으로 저녁 6시, 비행기가 지연되지 않고 정시에 스페인 바르셀로나 공항에 도착하였다. 입국심사를 마치고 비교적 빨리 출국장을 나오니 현지에서 우리를 안내해 줄 가이드가 반갑게 맞아 주었다. 우리는 이번 성지순례에 함께할 전용 버스를 타고 호텔로 이동하여 내일을 기다리며 그렇게 첫날 밤을 보냈다.

순례의 자세

바르셀로나 외곽에 있는 호텔에서 첫날 밤을 보냈다. 그곳 시간 밤 10시에 잠자리에 들었지만 새벽 1시경 저절로 잠이 깼다. 한국 시각으로는 아침 9시이니 생체시계가 작동했으리라. 순례에 대한 설렘이 있어서인지 일찍 일어나도 피곤하지 않았고, 실질적인 순례 첫날 미사 강론을 준비해야 해서 일찍 일어난 것이 오히려 다행이라 여겨졌다. 목욕재계 후 책상에 앉아 이번 순례의 열매를 잘 맺기 위한 태도에 대하여 생각해 보았다.

그동안 1년에 한 번 이냐시오 영신수련을 지도할 때 초두에 하는 말이 있다. 윤리신학의 대가로 존경받던 성 알폰소 마리아 데 리구오리(1696~1787년)가 피정에 들어오는 사람들을 위해 격언처럼 말씀하신 내용이다.

"온전한 마음으로 들어오라(Entra Tutto).

홀로 머물러라(Mane Solus).

다른 사람이 되어 나가라(Exi Altrui)."

이번 성지순례가 잘 열매 맺기 위해서도 위에 언급한 세 가지 태도가 적용될 수 있다고 여겨졌다. 필자는 다음과 같은 내용으로 미사 강론을 써 내려갔다.

"첫째, 온전한 마음으로 순례에 임하십시오. 물론 이 순례는 피정은 아닙니다. 그리고 이 여정에는 새로운 문화 체험이나 약간의 쇼핑, 관광도 포함되어 있습니다. 일상을 벗어나 육체적, 정신적으로 휴식할 수 있는 좋은 기회이기도 합니다. 그러나 우리의 목적은 관광이 아니고 순례라는 점을 기억해야 하겠습니다. 순

■ 숙소 호텔 회의실을 빌려 순례 첫 미사를 봉헌하는 모습

레의 특징은 하느님께서 우리에게 베풀어 주시려는 은총에 마음을 집중하는 것입니다. 성인들의 유적지를 통해서, 가이드나 저의 안내를 통해서, 그리고 함께 순례하는 동반자와의 만남을 통해서 베풀어지는 은총에 전심으로 귀 기울이십시오. 이것이 바로 'Entra Tutto'의 자세일 것입니다.

둘째는 마네 솔루스, 홀로 머물러라! 이렇게 외국 성지순례까지 왔는데 영신수련처럼 순례 기간 동안 홀로 고독하게 지내는 의미로 받아들여서는 안 되겠습니다. 순례를 하다 보면 여러 가지 돌발상황이나 우려스러운 일이 생겨납니다. 이때 마음을 빼앗기지 말고 거리를 두면서 순례의 목적에 집중하는 것이 'Mane Solus' 자세입니다. 요컨대 성지순례 중에 하느님께서 우리 각자를 위해 예비한 은총을 잘 느끼고 깨닫고 수용하기 위해서 그 밖의 일들과는 일정한 거리를 두는 자세가 요청됩니다."

그리고 금일 복음 말씀을 묵상해 보았다. 예수님께서 제자들에게 말씀하셨다. "너희는 주의하여라. 바리사이들의 누룩과 헤로데의 누룩을 조심하여라."(마르 8,15) 이때 제자들은 예수님의 말씀을 제대로 알아듣지 못하고 자신들이 빵을 가져오지 않은 것에 대한 질책으로 받아들인다. 이에 예수님께서는 자신의 말을 아직도 잘 이해하지 못한 제자들을 질책하시며 그 원인이 마음의 완고함에 있다고 진단을 내리신다. 우리는 누구의 말을 들을 때 자주 객관적인 상황과 내용을 이해하려고 하기보다는 자신을 투사하면서 상대방의 말을 받아들이곤 한다. 바로 객관적인 상황에 마음이 열려 있지 않고 자기 생각에 묶여 있기 때문이다.

예수님과 제자들의 소통 방식에 있어 제자들의 완고한 마음과 태도도 문제지만 예수님의 전달 방식에도 제자들의 몰이해를 유발하는 면이 있다. 성경에서 하느님 나라에 대하여 예수님께서는 주로 비유를 들어 말씀하신다. 그리고 표징이나 상징을 통해 당신의 메시지를 선포하실 때가 많다. 왜 예수님께서 우리에게 애매모호한 비유나 상징, 표징을 통하여 말씀하시는 것일까? 명증하고 논리적으로 똑똑 떨어지게 말씀하신다면 우리가 얼마나 더 잘 이해할 수 있을까!

하느님께서는 우리를 설득하고 이해시키기 위해 예언자들을

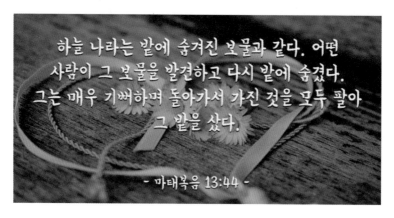

하늘 나라는 밭에 숨겨진 보물과 같다. 어떤 사람이 그 보물을 발견하고 다시 밭에 숨겼다. 그는 매우 기뻐하며 돌아가서 가진 것을 모두 팔아 그 밭을 샀다.

- 마태복음 13:44 -

■ 예수님께서 하느님 나라를 숨겨진 보물에 비유한 성경의 내용

통해 인간의 언어로 소통하시기도 하지만, **비유나 상징을 통해**
말씀하시는 이유는 우리를 더 높은 세계로 초대하시기 위한 방편
이라고 생각한다. 규정화되고 닫힌 논리적인 언어의 세계를 넘어
선 더 높은 세계로 나아가는 데 비유와 상징이 효과적이다. 비유
나 상징은 어떤 상태에 갇혀 있게 하는 것이 아니라 더 심오한 세
계로 향하도록 우리를 안내하는 기능을 한다.

　표징이나 성상이나 성화는 하느님을 직접 보여주지는 못하지
만 하느님께로 안내하는 표징과 같은 역할을 해준다. 마치 동방

■ 별의 안내를 받고 떠나는 동방박사들

박사들이 메시아의 탄생을 알리는 별의 표징을 보고 인도되는 것처럼 말이다. 그러나 동방박사들로부터 별 이야기를 들은 예루살렘 시민들은 처음에는 떠들썩했지만 나중에는 그 별에 별 관심이 없었다. 대제사장들과 율법학자들은 자기들만이 진리를 가진 간선된 우월한 백성이라는 것만 내세우고 밖에서 일어나는 어떤 일에도 마음의 문을 닫고 귀를 막고 눈을 감아 버리는 오만 때문에 이 별빛의 의미를 깨달을 수 없었다.

이는 오늘 우리에게도 똑같이 적용된다. 우리가 순례하게 될 성인들의 삶의 흔적이나 성상, 성화 등은 우리를 하느님께 이끄는 별빛 역할을 할 것이다. 우리는 과학적 분석의 태도를 버리고 하느님의 신비로 안내하는 표징들을 만나러 열린 마음으로 나서야 한다.

순례 첫날 새벽 미사를 마치고 우리 일행은 아침 식사를 하러 서둘러 호텔 식당으로 향했다. 우리를 안내하는 가이드가 교통 체증이 염려된다며 조금 일찍 행선지로 출발하는 것이 좋겠다고 우리를 재촉했다. 우리는 훈련된 병사들처럼 움직였고, 이번 순례의 첫 행선지 몬세라트로 향했다.

몬세라트에서 만난 순례자 성이냐시오

바르셀로나는 지중해 연안에 위치한 스페인 카탈루냐 지방의 주도이자 예술과 상업의 중심지이며, 누구나 한 번쯤 가 보고 싶어 하는 세계적인 관광 명소이다. 하지만 우리가 이곳 바르셀로나를 기착지로 정한 이유는 이 도시가 성이냐시오와 밀접한 관련이 있어서다.

이냐시오 성인은 1491년 스페인 북부 바스크 지방의 로욜라에서 그 고장 성주의 막내아들로 태어났다. 그는 젊은 시절 군인이 되어 프랑스와의 국경 전쟁에 참전했다가 다리에 관통상을 입고 집으로 돌아왔다. 생가에서 회복기를 보내던 중 《그리스도의 생애》, 《성인들의 열전》 책을 읽고 새로운 부르심을 받았다. 그는 회심 체험을 통해 그동안의 성공과 명예를 추구하는 세속적인 삶을 버리고 성인들처럼 하느님의 영광을 위해 살기

■ 이냐시오 순렛길 안내판 : 이냐시오 성인이 걸었던 옛 순렛길을 따라서 오늘날 로욜라에 있는 성인의 생가에서 바로셀로나 근처 만레사 동굴 성당까지 '이냐시오 순렛길'이 개발되어 있다.

로 하였다.

우선 성인은 예수님이 살았던 예루살렘 성지에 가서 한생을 예수님처럼 사람들을 위해 봉사해야겠다고 생각했다. 그리하여 가족들의 만류를 뿌리치고 순례의 길을 떠난다. 그리하여 자신의 생가가 있는 로욜라에서 약 700km 떨어진 바르셀로나로 향했다. 바르셀로나는 예루살렘 성지로 가는 배가 출항하는 항구 도시였기 때문이다.

오른쪽에 있는 성인의 일화는 **그가 하느님의 뜻에 따라 살고자 하지만 자신의 혼돈된 내면세계로부터 자유롭지 못하다는 것을 깨닫는 계기가 되었다. 즉 내면의 자유 없이는 하느님의 뜻을**

성인은 바르셀로나 순롓길 중 만난 한 이슬람교도와 논쟁이 벌어졌다. 성모님의 동정성에 대한 논쟁이었는데 이슬람교도는 성모님의 동정성을 부정하는 주장을 한 뒤 앞서 길을 떠났다. 성인은 성모님의 훼손된 존엄성을 제대로 지켜 드리지 못한 것에 몹시 화가 나서 어떻게 하는 것이 하느님께서 바라시는 바인지 고민하다 혼돈에 빠졌다. 앞서간 이슬람교도의 죄를 물어 응징하는 것이 하느님의 뜻인지, 아니면 그를 용서하는 것이 하느님의 뜻인지 알기 힘들었다. 그래서 자신이 타고 가던 나귀에게 하느님의 뜻을 묻기로 했다. 갈림길에서 만일 나귀가 이슬람교도가 간 길로 간다면 그를 응징하는 것이 하느님의 뜻이고, 반대로 마을 방향으로 간다면 그를 용서하는 것이 하느님의 뜻이라고 나귀에게 책임을 떠넘긴 것이다. 그런데 다행히 성인을 태운 나귀가 이슬람교도를 뒤따르지 않고 마을로 들어갔고, 성인은 나귀를 통해 드러난 하느님의 뜻에 따라 그를 용서했다. (자서전 15-16항 참조)

찾을 수 없을 뿐 아니라 하느님의 영광을 위해 살 수 없다는 것을 깨닫고 영적 자유를 얻는 길을 깊이 고민하게 되었다. 성인은 영적 자유에 이르는 길을 고민하면서 바르셀로나에서 북쪽으로 25km 떨어진 몬세라트 성모님 성지에 도착했다. 이곳은 12세기 성모 발현과 기적이 일어났다는 소식이 전해지면서 당시 카탈루냐 사람들이 어려움에 처할 때마다 도움을 청하는 '검은 성모상(Black Madonna)'이 모셔진 곳으로 유명했다.

■ 몬세라트 산 중턱에 있는 몬세라트 성모 성지

이냐시오 성인은 이곳 수도원에 들러 자신의 지난 세월을 정리하고자 과거에 자신이 범한 죄와 과오를 3일간 낱낱이 적어 총고해를 드렸다. 또한 세속의 기사로 살았던 과거를 뒤로하고 하느님을 섬기며 그리스도의 기사가 되기로 '검은 성모상' 앞에서 자기가 찬 칼을 봉헌하며 서약했다. 그리고 입었던 옷은 가난한 사람에게 주고 자신은 허름한 순례자 복장으로 갈아입었다. 이냐시오 성인은 이렇게 자신이 살아온 인생길을 선회하여 주님을 따라 살기로 마음먹었고, 몬세라트는 바로 그 서약의 장소이다.

우리 전용 버스가 시내를 빠져나와 목적지로 가는 동안 이냐시오 성인의 순례 행적을 설명하다 보니 어느새 몬세라트 성지에 도착했다. '몬세라트'라는 말의 의미는 '톱니 모양으로 생긴 산'이란 뜻이다. 이곳은 약 6만여 개의 기암괴석으로 이루어졌으며, 해저 융기 때문에 생겨났다고 한다. 기암괴석은 크고 작은 톱니 모양처럼 날카롭고 험준하기도 하지만 전체적으로는 아름다운 곡선의 연속처럼 보였다. 이곳 바위산 중턱에 수도원이 있고, 그 성당에 '검은 성모상'이 모셔져 있다.

전설에 따르면 이 '검은 성모상'은 성 루카가 조각한 것으로, 베드로 사도가 이곳에 모셔왔다고 한다. 이슬람 세력이 이베리아반도를 지배할 때 검은 성모상을 몬세라트 어느 동굴에 숨겨두어 찾지 못하다가 880년경 그 성모상을 숨겨둔 동굴에서 빛이 퍼져 나갔고, 그 덕분에 성모상을 다

시 찾을 수 있었다고 한다. 이 성모상을 모시기 위해 1025년 베네딕트 수도회에서 수도원을 지었고, 교황 레오 13세는 이 검은 성모상을 카탈루냐 수호 성모상으로 지정했다. 성모상의 오

■ 이냐시오 성인이 성모님께 봉헌했던 자신의 칼(좌)과 순례자의 복장으로 갈아입은 성이냐시오(우)

■ 몬세라트 검은 성모상(좌)과 검은 성모상이 들고 있는 지구 모양의 구슬에
손을 대고 순례자들이 기도를 드리는 모습(우)

른손에 지구 모양 구슬이 들려 있는데, 이 구슬을 만지고 소원을
빌면 소원이 이루어진다는 신심 덕분에 순례자들의 발길이 끊이
지 않는다. 내년은 몬세라트 수도원 설립 1,000주년이 되는 해
여서 수도원 측과 카탈루냐 지방정부가 함께 몇 년 전부터 진입
로 확장공사도 해왔고, 대대적인 행사를 계획하고 있다고 한다.

해발 725m에 위치한 성지에 도착하니 이른 시간인데도 우리
나라 순례객들이 눈에 많이 띄었다. 가이드가 말하기를 이곳 성
지를 찾는 분 중 스페인 사람을 제외하면 한국 순례객이 가장 많
다고 한다. 그 말에 우리 모두 놀라며 자긍심을 느꼈다.

　가이드는 우리를 수도원 성당 제대 위쪽에 모셔진 검은 성모
상이 있는 곳으로 안내했다. 이미 우리 앞에 다른 일행들이 줄을
서 있었다. 우리도 줄을 서서 성모상 앞으로 나아갔다. 많은 사
람이 기다리기에 한 사람당 10초 정도만 성모님이 들고 계신 지
구 모양 구슬에 손을 대고 기도할 수 있었다. 이냐시오 성인도
500년 전 이 성모님 앞에서 자신의 칼을 봉헌하며 밤샘 기도를
했다. 우리 일행은 짧게 드린 기도의 아쉬움을 수도원 성당으로
내려와 기도드리며 달랠 수 있었다. 또한 성당 밖에 촛불을 봉헌
하는 장소가 있어서 기도를 부탁받은 사람들을 위해 촛불을 켜

■ 몬세라트 수도원 성당 회랑에 설치된 이냐시오 성인 동상

■ 안토니오 가우디가 자주 몬세라트에 왔을 때마다 머물던 가우디 포스트(위),
가우디 포스트에서 바라본 몬세라트의 바위와 기암괴석들(아래)

서 봉헌하며 기도드렸다.

성전 회랑에는 500년 전 성모님께 자신을 봉헌하며 발원한 이냐시오 성인의 깊은 뜻을 기념하는 성인 동상이 모셔져 있었다. 필자 또한 〈이냐시오 영신수련〉 수혜를 받은 사람으로서, 그리고 성인의 모범을 따라 살기를 청하면서 성인 동상 앞에서 기념 촬영을 했다.

우리 일행은 오후 일정 때문에 몬세라트에 오래 머물 수 없었다. 몬세라트산 주변 산책 코스 중에 세계적인 건축가 안토니오 가우디가 좋아한 포스트에 가고 싶었지만 이냐시오 성인 동상을 찾는 데 시간이 많이 소요되어 그곳에 가지는 못했다. '가우디 포스트'는 가우디가 몬세라트에 올 때마다 아름답고 신비로운 전경을 감상하기 위해 머물렀던 지점을 말한다. 그는 몬세라트의 풍광 안에서 휴식을 취하며 작품 구상을 하기 위해 이곳에 왔었다고 한다.

톱날처럼 우뚝우뚝 솟아 있는 산봉우리들, 바위와 기암괴석, 주변 풍광이 어우러져 뿜어져 나오는 대자연의 아름다움과 웅대함 안에서 그는 하느님의 현존을 느꼈을 것이다. 그리고 그가 설계했던 '성가정 성당' 안에 하느님의 현존을 담아내기 위해 이곳 전경을 본떠 성가정 성당의 뾰족한 탑들을 구상했다고 한다.

성가정 성당(1): 하느님의 현존과 부르심

우리는 산악열차를 타고 몬세라트에서 하산하여 금일 두 번째 목적지인 몬주익 언덕으로 향했다. 이곳은 바르셀로나에서 가장 높은 해발 213m의 언덕으로 꼭대기에 도착하면 탁 트인 도심 풍경을 비롯하여 광활한 지중해 모습을 볼 수 있는 곳이다.

이 언덕 정상에 1992년 바르셀로나 올림픽 주경기장이 위치해 있다. 이 경기장은 우리 국민에게도 익숙한 곳으로 바르셀로나 올림픽 마라톤 경기에서 우리나라 황영조 선수가 금메달을 딴 역사적인 곳이다. 당시 황영조 선수는 2위와 3위로 뒤쫓아 오던 일본의 '모리시타 고이치'와 독일 선수 '스테판 프라이강'과의 차이를 크게 벌리고 1위로 골인한 뒤 쓰러졌고, 이 모습이 우리 국민에게 큰 감동을 선사했다. 우리는 그때의 감동을 기억하며 몬주익 언덕에 조성된 황영조 기념비 공원에서 단체 사진

■ 몬주익 언덕의 마라토너 황영조 선수 부조상

을 찍었다.

　오후 순례를 위해 서둘러 점심 식사를 마치고 사그라다 파밀리아 대성당(성가정 성당)으로 향했다. 이 대성당은 요즘 스페인뿐만 아니라 전 세계적으로 큰 관심을 끌고 있는 곳이다. 이곳을 보기 위해 한 해에도 수백만 명씩 밀려들고 있어서 하루 관람객 수를 제한하고 있다. 적어도 몇 주 전 예약하지 않으면 들어갈 수 없는 곳이 되었다.

　이곳이 그토록 관심을 끄는 데는 다양한 이유가 있다. 우선 성당 건축이 1882년부터 시작되었는데 아직도 공사가 끝나지 않고 진행 중이라는 점이다. 그리고 무엇보다 이 성당 건축 책임자가 바로 스페인이 낳은 세계적인 건축가 안토니오 가우디이기 때문이다. 그의 건축공학에 대한 천재적인 재능과 예술혼, 그리고 깊은 신앙심이 어우러져 감히 그 누구도 흉내낼 수 없는 의미 있고 아름다운 성전이 건립되었다.

가우디는 성당 건립 목적을 정확히 이해하고 1893년 공사 책임자 역할을 받아들였다. 그는 우선 성당이 하느님의 현존이 함께하는 공간, 하느님께 찬미드리는 전례의 공간이 되도록 설계하였다. "직선은 인간이 만든 선이고, 곡선은 하느님이 만든 선이다."라는 그의 말처럼 가우디는 이 대성당을 설계할 때 하느님의 계시인 자연을 품도록 자연을 모방하여 곡선으로 구조화했다. 그리고 가난한 이들을 품어 주고 세상의 갈등과 증오를 치유하기 위해 예수, 마리아, 요셉의 성가정의 사랑이 담기도록 설계하였다. 따라서 성당의 파사드(정면)를 3개로 만들어 그 중 하나인 탄생의 파사드에 예수, 마리아, 요셉의 성가정의 사랑을 담았다. 또한 바르셀로나가 항구인 점을 부각시켜 성당이 바르셀로나 등대로서의 역할을 하도록 높은 탑들을 설계하였다.

그는 33년 동안 성가정 성당 건축 책임자로 일했다. 특히 불운의 사고로 죽기 10년 전부터는 성당 숙소에서 인부들과 함께 기거하며 성당 건립에만 혼신의 힘을 쏟았다. 그럼에도 불구하고 기업의 후원을 받지 않고 오로지 성금만으로 지어야 한다는 본래의 정신을 고수했을 뿐 아니라 그동안 한 번도 시도되지 않

■ 성가정 성당 탄생의 파사드(위)와
수난의 파사드(아래)

은 새로운 개념의 성당을 짓다 보니 공사 기간이 길어질 수밖에 없었다. 가우디는 자신이 계획했던 3개의 파사드(탄생, 수난, 영광) 중 '탄생의 파사드'만 완성하고 1926년 교통사고로 세상을 떠났다.

검색대를 통과하여 성가정 성당 '탄생의 파사드' 앞에 섰을 때 우리 일행은 입을 다물지 못한 채 감탄사만 연발하였다. '탄생의 파사드'에 조각된 수많은 테마 조각상 중 어느 한 부분도 섬세하게 조각되지 않은 작품이 없었다. 실제로 가우디는 작품을 조각할 때 형상을 일일이 석고로 본떠 옆에 두고 보면서 조각했다고 한다. 재능도 재능이지만 건축에 임하는 열정과 철학이 정말 대단한 건축가였다.

대성당 안으로 들어갔을 때 서쪽 벽면 스테인드글라스 창으로 햇빛이 투과되면서 들어오는 화려하고 황홀한 빛의 향연에 우리는 천국에 들어온 듯하였다. 자연을 소재로 한 천장의 예술적 표현 또한 압권이었다. 은은한 듯, 고고한 듯, 신비한 듯, 조용한 듯, 그럼에도 두드러질 수밖에 없는, 말로는 형언하기 힘든 심연의 모습 앞에 예술혼이 깃든 작품이 주는 감동을 맛보았다.

가우디는 이 성당을 건축할 때 하느님의 현존이 머무는 성스러운 전례와 기도하는 공간이 되도록 기본 콘셉트를 가지고 있었다고 한다. 어떻게 해야 하느님의 현존이 머무는 공간이 될 것인가?

■ 나무 모양을 형상화한 성가정 성당의 기둥들

그것은 바로 하느님의 현존을 상징하는 빛과 자연을 성전 안으로 들어오게 하는 방법을 통해서였다. 가우디에 의하면 세상 피조물과 자연은 하느님의 자비를 보여주는 하느님의 계시가 드러난 열려 있는 책이며, 하느님은 이러한 자연에 따라 자신만의 창조적인 건축물을 만들도록 도와주는 선생님으로 여겼다. 대성당의 나무 모양 기둥과 대리석, 그리고 자연 재료들은 하느님의 현존을 드러내는 상징물이다. 그리고 광채이신 하느님이 성당으로

들어올 수 있도록 성당 벽면을 빛이 들어올 수 있는 창으로 설계했던 것이다. 요컨대 하느님의 광채를 상징하는 빛이 스테인드글라스 창으로 들어오도록 함으로써 성전이 하느님의 현존이 머무는 공간이 되도록 계획한 것이다.

우리 일행은 가우디가 의도한 대로 대성당 안에 머무는 동안 하느님의 현존을 느낄 수 있었다. 나무가 우뚝우뚝 솟아 마치 대자연의 거대 숲속에 와 있는 느낌, 그리고 스테인드글라스 창을 통해 들어오는 황홀한 빛을 통해 하느님의 현존이 우리를 감싸는 듯한 느낌을 받았다. 형형색색 무지갯빛으로 채색된 공간이 갑자기 필자에게도 신비롭게 다가왔다.

"너는 너만의 고유한 색깔로 너의 삶을 살고 있느냐?"라는 부르심을 받고 있는 것 같았다. 오늘날 우리는 관계 안에서 그리고 자신이 하는 일 안에서 수행해야 하는 역할이나 기능에 묻혀 자기 색깔, 자신의 고유한 생명력을 발휘하지 못하고 살아갈 때가 많다. **하느님은 우리를 각자의 고유한 얼굴, 인격으로 창조하셨다. 따라서 인간은 자신의 고유성, 자기 색깔을 잃으면 자기 생명력 또한 잃게 된다.** 성가정 성당을 채색한 형형색색의 빛깔은 마치 각자 자신의 고유함을 드러내면서 자기 본연의 색깔로 살아가도록 우리를 초대하고 있는 듯했다.

성가정 성당(2): 하느님의 영광을 위하여

✛

몬세라트산을 멀리서 바라보면 뾰족한 바위산들이 하느님의 영광을 드러내는 듯 보인다. 몬세라트산 모형을 따라 지어진 성가정 성당 역시 멀리서 보면 전체적인 건축 구조가 하느님의 영광을 들어 높이는 듯이 보인다. 성가정 성당의 위풍당당한 모습은 누구도 범접할 수 없는 천재적인 건축가이자 예술가로서의 가우디의 면모를 보여줄 뿐 아니라 그의 삶의 지향점, 즉 신앙인으로서의 가우디를 보여준다. 성가정 성당의 전체 구조는 가톨릭 신앙의 목적인 하느님의 영광을 드러내고 있다.

가우디가 33년 동안 성가정 성당 건축에 몰입한 이유는 유명한 건축가로서 이름을 빛내기 위해서도, 예술가로서의 창작의 기쁨을 위해서도 아닌 바로 '하느님의 영광'을 위해서였다고 한다. 그는 이러한 삶의 유일한 목적을 위해 수도자처럼 검소하고 겸손

■ 안토니오 가우디의 초상(좌)과
사후 바르셀로나 성가정 성당
지하경당에 묻힌 가우디(우)

하게 살았다. 그가 전차(트램)에 치이는 사고를 당했을 때도 사
람들은 그가 누구인지 알아보지 못한 채 지나가던 걸인이 사고
를 당한 줄로 여겼다. 그리하여 사고 후 병원으로 늦게 이송된
탓에 수술이 늦어져 안타깝게 목숨을 잃었다. 이렇게 그는 자신
을 드러내지 않고 자신의 재능을 오로지 하느님의 영광을 위해
봉헌했다.

　가우디는 대성당 건축 책임자였지만 더 근본적으로는 자기에
게 주어진 하느님의 축복을 관리하고 하느님 뜻에 복종하는 신

■ 탄생의 파사드 위에 녹색 사이프러스 나무 모형(↓)

앙인으로 살았다. 그가 자신의 인생을 통해 무엇을 이루려고 했는지는 대성당 건축 구조에서 드러난다. 요컨대 대성당의 중추를 이루는 3개의 파사드(탄생, 수난, 영광)에 우리가 살아야 할 이유, 인생의 목적을 조각과 상징물의 배치를 통해 설명하고 있다.

'탄생의 파사드' 꼭대기에는 녹색으로 조각한 사이프러스 나무를 위치시켰다. 우리가 잘 알고 있듯이 사이프러스는 영원한 생명을 상징하고 있다. 성모님이 보여주신 하느님에 대한 절대적인 믿음과 성요셉이 보여주신 시련을 넘어서는 희망, 그리고 세상을 구원하기 위해 아기 예수님으로 태어나신 육화의 사랑, 즉 믿음과 소망, 사랑의 향주삼덕을 통해 영원한 생명에 들어가야 한다는 가우디의 인생 목적, 신앙의 목적을 표현하였다.

'수난의 파사드'에는 최후의 만찬과 예수님의 수난과 죽음, 그리고 무덤에 묻히심이 표현되었는데 수난의 파사드 맨 꼭대기에는 예수님의 부활과 승천 모습을 배치하였다. 바로 예수님의 수난은 그 수난이 끝이 아니라 그것의 궁극적인 목표는 부활의 영광에 있음을 드러낸 것이다.

'영광의 파사드'는 지금도 건축 중인데 건축물 가장 높은 곳에 '하느님의 영광'이라는 글귀를 위치시킨다고 한다.

이렇게 예수님의 탄생과 수난, 영광이라는 가톨릭의 기본교리를 대성당의 파사드를 통해 보여주고 있다.

그리고 하느님의 영광을 위해 이 땅에 오신 예수님을 닮아서 이 세상 모든 진리와 만물과 사람들, 그리고 모든 천사들이 하느

■ 멀리서 바라본 성가정 성당의 첨탑들(좌)과 아직 공사 중인 첨탑들(우)

님의 영광을 드러내기 위하여 존재하는 것임을 대성당에 설치된 18개의 탑(탑들은 모두 100m 이상으로 건축되었다)으로 표현하였다. 각 탑에는 이름이 있다. 요한묵시록에 "살해된 어린 양은 권능과 부와 지혜와 힘과 영예와 영광과 찬미를 받기에 합당하십니다."(5장 12절)라고 설명되어 있듯이 중심 탑은 예수 그리스도를 상징한다. 중심 탑 주변에는 그리스도의 말씀과 행적을 기록한 4복음서를 상징하는 4개의 탑이 중심 탑을 둘러싸고 있다. 그리고 중심 탑 뒤에 커다란 별이 꼭대기에 놓인 탑은 자신의 겸손함에서 하느님의 힘을 깨닫고 예수님의 어머니가 되기로 동의하신 성모님을 상징하고 있다. 마지막으로 예수님의 탄생, 수난, 영광의 파사드 위로 각각 4개씩 올라가는 12개의 탑이 있는데 이것은 12사도를 상징한다. 이렇게 18개의 탑은 건축적이고 실용적인 목적뿐 아니라 그리스도의 삶을 본받아 하느님의 영광을 드러내는 길을 가도록 안내하는 인도자들을 드러내고 있다.

가우디에게 가장 중요한 인생의 궁극적 목적은 '하느님의 영광을 위하여' 사는 것이었다. 그는 신앙 안에서 이 진리를 깨달았고, 이것을 자기 인생의 목표로 삼았다. 성가정 성당은 그가 깨달은 이 메시지를 담고 있었다. '하느님의 영광을 위하여' 사는 인생의 목적은 유한한 자신의 삶을 어떻게 살아야 하는지 깊이 숙고하고 통찰한 분들이 얻어낸 소중한 결론이다.

이 진리를 500년 전 이냐시오 성인이 깨달아 '하느님의 영광을 위하여'를 자신의 모토로 삼았다. 우리 인생의 목적은 하느님의 영광을 위해서 사는 것이고, 그를 통해 우리 영혼에 평화가 깃들어 구원에 이를 수 있다. 우리의 유한한 삶은 자칫 잘못하면 허무로 치달을 수 있다. 허무의 삶을 넘어서서 '하느님의 영광을 위하여'를 삶의 모토로 삼고 살아간다면 그 삶이야말로 유한을 넘어 영원한 생명으로 향하는 구원의 삶이 될 것이다!

우리는 소소하게 각자 지향하고 있는 목적이 있다. 하지만 그것의 지향점들이 '하느님의 영광'과 연결되지 못한다면 우리 삶은 흩어진 구슬이 될 것이다. 사도 바오로 역시 "여러분은 먹든지

■ 탄생의 파사드에 설치된 성가정 조각상

마시든지, 그리고 무슨 일을 하든지 모든 것을 하느님의 영광을
위하여 하십시오."(1코린, 10,31)라고 자신이 깨달은 삶의 진리를
전하고 있다. 안토니오 가우디는 사도 바오로의 이 말씀에 따라
'하느님의 영광을 위하여' 자신의 삶을 충실히 살아냈다. 우리가
무엇을 하든지 우리가 그 일을 하는 동기는 '하느님의 영광'이 되
어야 한다. 하느님께 영광을 돌릴 때 그 삶은 복된 삶이 되어 그
들에게 하느님의 평화가 깃들 것이다.

　예수님은 오늘날 이스라엘 갈릴래아의 한 마을인 나자렛의 한 가정에서 양부 요셉, 어머니 마리아와 함께 일하며 30년 동안 사셨다. 성가정 성당의 명칭은 바로 나자렛 성가정을 기리기 위해 붙여진 이름이다. 사실 이 대성당 프로젝트를 기획하고 가우디에게 대성당 건축을 의뢰한 것은 성요셉을 기리는 신심 단체였다고 한다. 19세기 산업혁명 시기에 무너져 내리는 인간 존엄을 지키는 방책으로서 일과 가정의 역할 안에서 위기를 극복하고자 성가정의 영성이 강조되었고, 그 정신에 따라 성가정 성당이 기획되었던 것이다.

　가정의 역할과 의미가 점점 파괴되어 가는 이 시대에 나자렛 성가정의 모범은 더욱더 강조되어야 할 것이다. 이곳 성가정 성당이 성가정 영성을 전하는 참된 성지가 되기를 기원해 본다.

구엘 공원

우리는 사그라다 파밀리아의 웅장함과 신비스러움을 가슴에 가
득 안고 가우디의 또 다른 천재성이 돋보이는 구엘 공원으로 향
했다. 공원은 지중해와 바르셀로나 시내가 한눈에 내려다보이는
높은 구릉에 위치해 있었다. 가이드는 이곳이 본래 가우디의 경
제적 후원자였던 구엘이 영국의 전원도시를 모델로 대규모 주택
단지를 짓기 위해 가우디에게 의뢰하여 설계된 곳이라고 했다.

구엘과 가우디는 그곳에 고급 주택 60호 이상을 지어 부유층
에게 분양하려고 하였다. 그러나 공사를 진행하다 보니 돌도 많
고 경사진 비탈길이어서 작업하는 데 많은 어려움을 겪었다. 결
국 지형적 한계와 자금난 등을 극복하지 못하고 14년이라는 긴
공사 기간에도 불구하고 단지 몇 개의 건물과 커다란 광장, 그리
고 지형을 훼손하지 않고 서로 연결해 주는 구름다리 등만을 남

■ 구엘 공원에서 바라본 바르셀로나 시내 전경

긴 채 야심 찬 프로젝트는 미완성으로 끝나고 말았다.

　가우디와 구엘의 이상(理想) 주택이라는 본래의 계획은 실패했지만 구엘 공원은 세계적인 명소가 되었고, 1984년에는 세계 문화유산으로 등록되었다. 대자연에서 영감을 얻은 다양한 색과 곡선의 아름다운 건물들, 화려하고 신비한 모자이크 장식의 타일, 자연스럽게 터진 길과 인공 석굴 등 어느 것 하나 독창성과 창의성이 돋보이지 않는 것이 없다. 참으로 가우디의 상상력과 창의성, 자연과 인간을 배려하는 사랑 가득한 공간이다.

우리 일행은 중앙광장 2층으로 가서 지중해가 보이는 주변 경관을 내려다보고 그것을 배경 삼아 기념사진도 찍었다. 가이드는 중앙광장 2층을 장식하고 있는 타일 벤치에 직접 앉아 보라고 했다. 딱딱한 타일이라 불편할 것으로 여겼는데 생각과 달리 편했다. 가우디가 사람 척추 위치에 맞춰 등받이를 설계한 덕분이라고 한다. 그리고 직선 벤치가 줄 수 있는 단조로움을 피하고자 뱀 모양 곡선을 따라 서로 소통할 수 있는 구조로 벤치를 만들었다. 또한 같은 패턴이 하나도 없을 정도로 가우디는 모양의 다양성과 색의 조화까지 고려했다고 한다.

■ 뱀 모양 곡선을 따라 설치된 벤치

■ 구엘공원 광장 1층의 그리스 신전처럼 보이는 기둥들(좌).
구엘공원의 랜드 마크인 도마뱀 모양의 분수대(우)

　광장 1층에는 고대 그리스 신전처럼 기둥 여러 개가 세워져 있었다. 물이 부족한 지역이라 빗물 한 방울이라도 더 모으기 위해 광장 2층에 떨어진 비가 광장 1층 기둥으로 흘러 물탱크에 저장되도록 설계되었다고 한다. 탱크에 취수된 물은 일정 수준 이상이 되면 자연스럽게 흘러넘치는데 그 물이 구엘 공원의 랜드마크인 도마뱀 모양 분수대로 흘러온다. 바르셀로나에 가뭄이 들어 흐르는 물이 없어도 이 분수에서는 물이 흘렀다고 한다. 그의 창의성은 과연 어디까지인지 놀라울 뿐이다.

　넓은 구엘 공원의 구역들을 연결하는 자연 친화적인 다리 또한 매우 독창적이며 인상적이었다. 마치 파도 속에서 윈드서핑

■ 파도 모양의 동굴(위),
동굴 위로 용설란 가로수가
있는 구름다리(아래)

하는 것처럼 자연 속 파도를 묘사한 '파도 동굴'이다. 지형의 특성을 살려 연출한 가우디의 아이디어가 여기서도 돋보인다. 경사가 심한 지형을 이용한 천연 동굴 형태의 통로로 기둥이 천장을 떠받치고 있으며, 왼쪽은 개방되어 있고 오른쪽은 막혀 있는 독특한 모양을 띠고 있다. 이 돌들은 모두 구엘 공원 조성 공사 중 나온 것을 활용했다고 한다. 이 구름다리는 용설란으로 가로수를 해 놓았는데 용설란은 다른 식물이나 나무와 달리 뿌리가 옆으로 자라는 특성이 있어 돌과 돌 사이에 뿌리를 내리고 돌을 잡아당기므로 돌기둥이 무너지지 않고 오랜 세월 유지된다고 한다.

가우디는 새들이 둥지를 틀고 쉴 수 있도록 구름다리 옆면에 돌구멍으로 된 새집을 만들었다.(64쪽 사진) "최대한 자연을 훼손하지 않고 자연과 하나 되는 건축물"을 만들고 싶어 했던 가우디의 마음이 숭고하게 다가온다.

창세기에 하느님께서는 우주라는 거대한 집을 만들어 모든 생명체를 기거하게 하시고, 인간에게 다른 생명체를 잘 돌보라는 사명을 내리셨다(창세 1,28). 그러나 인류는 그 사명을 소홀히 하였을 뿐 아니라 탐욕에 빠져 폭력으로 다른 생명체들을 위협하고 있다. 그 결과 오늘날 지구 생태계 파괴로 하느님께서 창조한 '지구 공동의 집'이 무너지고 있다.

프란치스코 교황은 회칙 〈찬미 받으소서〉에서 이러한 위기를

경고하였고, 우리에게 '생태적인 회심'을 촉구하였다. 생태적인 회심이란 우리가 다른 생명체에게 가했던 폭력을 깨닫고 가우디가 보여준 타 생명체에 대한 존중과 배려의 마음을 회복하는 것이리라. 우리 각자가 맡아서 행하는 일을 통해 하느님께 영광을 드리고, 우리의 형제요, 자매인 동식물까지 존중하고 배려한다면 이 세상이 얼마나 아름다운 세상이 될 것인가.

우리는 구엘 공원을 기획한 가우디를 느끼고 그곳을 거닐면서 비록 우리 각자는 다른 일을 하면서 살고 있지만 가우디가 지향했던 정신과 마음으로 살아갈 것을 다짐하며 저녁 식사를 위해 바르셀로나 해안가에 있는 한 음식점으로 향했다.

만레사 동굴 기념성당

✛

아침 6시, 우리 일행은 호텔에서 마련해 준 회합실에 모여 아침 미사를 봉헌하였다. 이날은 공교롭게도 사순절을 알리는 재의 수요일이었다. 우리는 순례 기간 중 사순절이 시작된다는 것을 알고 있어서 미리 머리에 뿌릴 재를 준비해 갔다.

미사 중 머리에 재를 얹으면서 사제는 이렇게 말한다. "사람 아! 너는 흙에서 왔으니 흙으로 돌아갈 것을 생각하라." 이 말을 들을 때마다 '나는 누구인가? 나는 무엇을 위하여 살아야 하는 가?'라는 근원적인 질문이 떠올라 숙연한 마음이 든다.

한 줌의 재로 되돌아갈 운명 앞에서 사람들은 여러 가지 생각을 한다. 이 말을 허무주의적으로 받아들이는 사람은 '어차피 한 줌의 재로 돌아갈 인생이라면 사는 동안 먹고 놀고 즐기자' 라는 결론을 맺고 방황하면서 살아가기도 한다. 반면에 언젠가

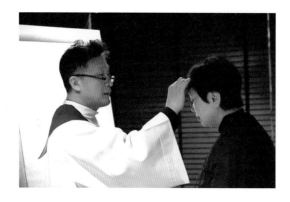

■ 재의 수요일 미사 봉헌 중 재를 받는 모습

다가올 종말이 있음에 지금 이 순간을 결코 되돌아오지 않을 소중한 시간으로 여겨 매 순간 값지게 살아보자고 다짐하며 사는 분도 있다.

우리 신앙인들은 허무하게 없어질 우리 존재의 운명 앞에서 겸손을 배우고, 시간의 축복이 유한하지만 하느님의 무한한 사랑 앞에 어떻게 응답하며 살아갈 것인지를 생각하는 사람들이다. 전일 순례를 통해 만났던 이냐시오 성인과 안토니오 가우디의 삶이 우리가 어떻게 살아가야 하는지 우리에게 모범을 보여준 덕분에 우리 일행은 이 순례 중에 뜻깊은 사순절 묵상을 하게 되었다.

그렇게 특별했던 재의 수요일 미사를 마치고 조식 후에 우리는 이틀간 묵었던 호텔에서 체크아웃하고 전용 버스에 탑승하였다. 금일 일정은 이냐시오 성인이 극기와 보속의 수덕 생활을 실천했던 만레사 동굴을 순례하고 곧바로 다음 목적지로 이동하는 것이었다. 만레사 기념 성당은 호텔에서 약 1시간 거리에 있었다. 가는 길에 차창 밖으로 전날 순례했던 몬세라트의 모습이 보였다.

만레사 동굴이 가까워졌을 때 진입로가 공사로 통제되고 있었다. 우리 버스 운전사는 차를 어디에 정차해야 할지 망설이면서 잠깐 버스를 멈춰 세웠다. 이때 우리 버스를 뒤따라오던 자동차 한 대가 버스 앞으로 와서 멈추더니 운전자분이 우리에게 다가왔다. 처음엔 우리 버스가 정차금지 구역에 멈춰서 있어 경고하러 온다고 생각했다. 그런데 그 자가용 운전자와 우리 기사의 대화 내용을 살짝 들어 보니 우리를 도와주러 차를 멈춘 것이었다.

■ 미사 중 강론을 듣는 모습

그 운전자는 우리 버스가 포르투갈 국적 번호판임을 보았고(기사도 포르투갈분이다), 만레사 동굴 기념 성당으로 가는 진입로 공사 때문에 우리가 어려움에 처했음을 직감한 것이었다. 그는 우리 기사에게 "이 길로 직진하면 로터리가 나오는데 그곳에서 돌아서 내려오면 강가 옆에 주차공간이 있으니 그곳에 주차하라."고 자세히 안내해 주었다.

앞서가는 외국 차량의 어려운 사정을 직감하고 가던 길을 멈추고 도움을 주는 것은 루카 복음 10장에 언급된 '착한 사마리아인'을 떠올리게 했다. 그야말로 예기치 못한 은총의 순간이었

■ 만레사 동굴 기념성당

고, 감동의 순간이었다. 누군가의 어려움이나 위기에 관심을 갖고 가던 길을 멈추는 것은 결코 쉽지 않다. 더군다나 차를 몰고 가다가 멈춰 서기는 더더욱 쉽지 않을 것이다. 성경에서도 강도를 만나 쓰러져 있는 사람을 세 사람이 보았지만 레위인이나 사제는 자기 일에 몰두하여 그냥 지나치고 나머지 사마리아인 한 사람만 멈춰 섰다. 그동안 필자 역시 자기 일에 몰두하면서 도움이 필요한 사람의 손길을 얼마나 많이 지나쳤던가! 그 운전자의 고운 마음씨는 순례하는 내내 그리고 지금도 필자의 마음에 향기를 남기고 있다.

우리는 만레사에서 만난 착한 사마리아인 덕분에 쉽게 주차한 뒤 만레사 동굴 기념성당으로 걸어 올라갔다. 가이드가 미리 예약한 덕분에 성지 안내 봉사자가 우리를 반갑게 맞이해 주었다. 필자가 그곳 안내자에게 우리 순례 일행이 한국에서 8박 9일 간의 이냐시오 영신수련을 마친 분들이라고 소개했더니 놀라워하면서 더욱 심혈을 기울여 설명해 주셨다.

우리는 기념성당의 각 경당마다 설치된 돌 모자이크 벽화에 대해 설명을 들었다. 이 벽화는 최근에 완성되었다고 한다. 천지창조부터 아담과 하와의 범죄, 이스라엘 사람들의 우상숭배, 예수 그리스도의 탄생과 공생활, 그리고 십자가의 수난과 부활을 주제로 각 경당을 장식했는데 이것은 〈이냐시오 영신수련〉의 핵심 주제이기도 하다. 경당을 이렇게 꾸민 이유는 성인께서 만레

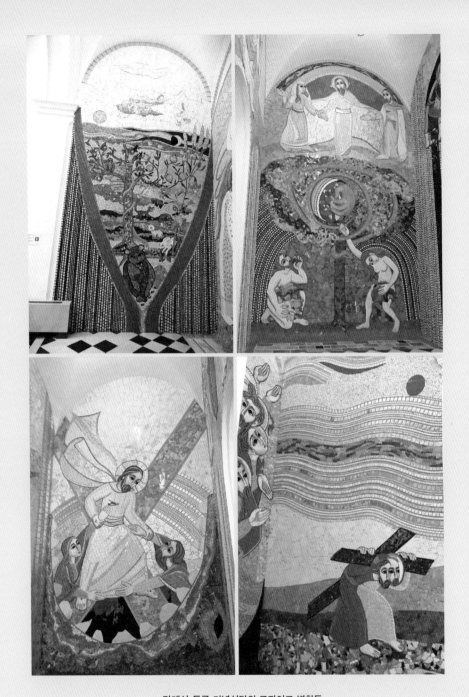

■ 만레사 동굴 기념성당의 모자이크 벽화들
천지창조(위 좌)와 죄에 떨어짐(위 우)
지옥에 빠진 사람들의 손목을 끌어올리시는 예수님(아래 좌)과
우리의 십자가를 함께 지시는 예수님(아래 우)

사 동굴에서 〈영신수련〉 초안을 집필한 것을 기념하기 위해서
일 것이다.

우리 일행은 작가들이 자신의 상상력을 발휘하여 영신수련 주
제를 표현한 벽화 작품 해설을 들으면서 많은 감동을 느꼈고 영
신수련 받았던 기억이 새로워졌다고 했다. 특히 **지옥에 빠진 사
람들의 손목을 굳건히 잡아 끌어올리시는 예수님 모습에서 그분
의 인간 구원을 위한 마음이 느껴졌다고 했다. 손만 뻗으면 주님
께서 우리 손을 잡아 주시는데 주님을 향하여 손을 내뻗는 것이
왜 이리도 힘든 것인지, 욕심에 사로잡힌 자신의 모습이 한심하
다는 한 일행분의 말씀이 많이 공감되었다.**

■ 성이냐시오가 집필한 영신수련 책자(라틴어 본)

〈영신수련〉은 이냐시오 성인이 이곳에서 기도와 극기, 보속을 실천하면서 자신의 영혼을 하느님께 개방하는 수덕 생활 중에 하느님의 은총을 얻는 데 도움된 내용이 다른 사람에게도 도움이 될 거라는, 요컨대 사목적인 목적으로 쓴 일종의 '영적 교본'이라고 할 수 있다. 발간 이후 수백 년이 지난 지금까지도 예수회뿐 아니라 일반 평신도들의 영성 생활에 큰 등대가 되고 있다.

만레사 동굴

만레사 동굴 기념성당에서 설명을 듣고 통로를 따라 30m쯤 가
자 만레사 동굴이 있었다. 이곳은 이냐시오가 하루 7시간씩 머물
며 기도하고 〈영신수련〉 책자 초안을 집필했던 장소다. 처음 이
냐시오 성인은 이 동굴에 〈영신수련〉 책자를 집필하려고 온 것
이 아니었다. 예루살렘 성지순례를 떠나기 위해 필요한 교황님
의 순례 허가서를 기다리면서 기도에 전념할 만한 마땅한 곳을
찾다가 이곳에 온 것이었다.

　현재 이곳은 작은 제대와 의자 몇 개만 있는 작은 규모의 경당
으로 꾸며져 있어 우리 일행 모두가 경당 안으로 들어갈 수 없었
다. 따라서 몇몇 분은 경당 안에서, 몇몇 분은 통로에 서서 이곳
에서 지냈던 성인의 삶을 떠올리며 기도 속에 잠겼다.

■ 만레사 동굴 경당 내부 모습(좌) : 천장에 보이는 바위는 옛 동굴 그대로의 모습을
간직하고 있다. 동굴 경당으로 들어가는 입구(우)

성인은 이곳에서 8개월 동안 기도와 단식, 그리고 고행을 하며 지냈다. 나무를 깎아 만든 탁발 그릇을 들고 문전걸식으로 연명하며 추위를 견디고, 어둡고 습한 동굴에서 하느님과의 만남에 전념하였다. 성인이 얼마나 처절하게 이곳에서 수덕 생활을 했는지 아직도 바위에 새긴 십자가의 흔적이 그대로 남아 있다.

이곳에서의 새로운 삶의 길은 결코 녹록지 않았다. 처음부터 걱정이 성인을 덮쳤다. "아직도 살아가야 할 70년의 세월 동안 이러한 삶을 어떻게 유지해 나갈 것인가?"(이냐시오 자서전 20항)

라는 과도한 걱정에서부터 아무리 고해성사를 보아도 죄의식에서 헤어나올 수 없는 세심증, 그리고 생을 끝내고 싶은 자살 충동에 이르기까지 성인을 밀어붙이는 상념과 유혹이 쓰나미처럼 엄습해 왔다.

이러한 영적 장애물과 대적하기 위해 성인은 한 주간 동안 금식하며 기도에만 매진하였다. 진정되지 않는 마음을 붙잡기 위해 많은 노력을 했지만 번번이 실패를 거듭하다가 어느 날 주님 은총의 작용으로 "자신의 신뢰와 애정과 희망을 오직 하느님께만 두겠다."(자서전 35항)는 결심이 생겨났다. 그러고는 자신을 괴롭히던 모든 고통에서 벗어날 수 있었다. 바오로 사도가 언급한 그리스도와의 내적으로 하나 되는 체험 안에서 진정한 평화를 얻게 된 것이다.

이러한 내적 평화 가운데 학교 선생님이 학생을 다루듯, 하느님께서 자상하게 이끌어 주는 체험으로 그를 인도하였다. 하루

■ 이냐시오 성인이 사용했던 탁발 그릇(좌)과 동굴 벽면에 성인이 직접 새긴 십자가(우)

는 성인이 만레사 동굴에서 약 1.5km 떨어진 성바오로 성당으로 가기 위하여 카르도넬 강둑을 걷는 도중 하느님의 강렬한 빛의 비추임을 받았다.

이냐시오 자서전에서 그 상황을 다음과 같이 전하고 있다.

"길은 강가를 따라 뻗어 있었다. 길을 가다가 신심이 솟구쳐 그는 강 쪽으로 얼굴을 돌리고 앉았다. 강은 저 아래로 흐르고 있었고, 거기 앉아 있는 동안 그의 오성의 눈이 열리기 시작하더니, 비록 환시를 보지는 않았으나 영적 사정과 신앙 및 학식에

■ 이냐시오 성인이 영적 조명을 체험했던 카르도넬 강둑. 뒤쪽으로 성바오로 성당이 보인다.

관한 여러 가지를 깨닫고 배우게 되었다. 모든 것이 그에게는 새로워 보일 만큼 강렬한 조명이 비쳐 왔던 것이다. 비록 깨달은 바는 많았지만, 오성에 더없이 선명한 무엇을 체험했다는 것 외에는 자세한 설명을 하지 못했다. 그는 예순두 해의 전 생애를 두고 하느님으로부터 받은 그 많은 은혜와 그가 알고 있는 많은 사실을 모은다 하더라도 그 순간에 그가 받은 것만큼은 되지 않는다고 생각했다."(자서전 30항)

하느님을 깊이 이해하는 체험 안에서 이냐시오 성인은 자신이 누구인지 온전한 자기 정체성을 깨닫게 되었고, 영적인 사람으로 변모되었다.

필자는 21년 전 로마 유학 당시 이곳에 와서 바르셀로나 평신자들과 함께 영신수련 8일 피정을 받았다. 이곳 경당에 와서 기도하던 모습이 떠올랐다. 그때 기도 중에 하느님에 대한 분노가 치솟았던 기억이 있다. 필자의 부모님은 일찍 하느님 나라에 가셨다. 필자는 다른 사람들보다 부모님의 사랑을 덜 받았던 것에 대해 마음속 깊이 서운함을 품고 있어서 하느님에 대한 원망이 솟았던 것 같다. 그런데 기도 중에 수난받는 주님이 생생하게 나타나 필자에게 위로의 말씀을 건네셨다. 그 위로의 말씀을 듣고 필자는 원망의 마음이 사라졌다.

이때 경험했던 기도의 체험은 평신자들을 위한 이냐시오 영신수련을 지도할 때 도움이 되고 있다. **기도의 체험은 마음의 평**

■ 만레사 동굴 경당 감실을 장식하고 있는 성가정의 모습

**온함 가운데 예수님을 만나는 것일 수도 있지만 경우에 따라서
는 잠재된 마음의 상처가 드러나는 경우도 있다.** 이때 피정자가
주님의 빛으로 자신의 상황을 비추어 치유받을 수 있도록 도움
을 주고 있다.

만레사 동굴에 짧게 머물렀지만 이번 순례 중에도 은총을 받
은 분이 있다. 동굴 경당 감실에 그려진 성가정 상의 모습에서 자

기 자신을 깊이 성찰하는 은총을 받았다고 한다. 그분은 자녀들
과 남편이 성당에 잘 나가지 않아서 성가정을 이루는 데 그들이
장애물이라고 여겼다고 한다. 그러나 자신이 자녀와 남편의 부
족함을 진정으로 받아들이지 않는 모습을 보며 통회하는 마음이
생겨났다고 한다. 그 성가정 모습 안에서 하느님께서 자신의 가
정도 성가정을 이루도록 해줄 수 있는 분이신데, 자신은 그동안
하느님께서 하실 수 있음을 믿지 않는 믿음 부족으로 성가정을
이루지 못했음을 반성했다고 한다.

　필자는 성지 가이드에게 왜 성가정 모습이 이곳 경당에 새겨
졌는지 물었다. 가이드는 성가정 영성은 이곳 바르셀로나 지방
에서는 널리 퍼져 있는 보편적인 영성이어서 어디서나 성가정
상을 흔하게 볼 수 있다고 했다. 또 **"성가정의 의미는 가족 구성
원 모두가 하느님의 부르심에 응답할 준비가 되어 있는 상태"**라
고 해설하였다.

　우리 이웃 중에는 홀로 열심히 신앙생활을 잘하는 외짝 교우
가 많다. 외짝 교우들이 하느님의 은총을 더 많이 받는다면 가족
구성원 전체를 주님께로 이끌 수 있는 가정 성화의 촉매제 역할
을 할 수 있을 것이다.

스페인 역사 안에 펼쳐진 하느님의 섭리

만레사에서 점심 식사를 한 뒤 다음 목적지 사라고사로 향했다. 사라고사는 다음 날 순례하게 될 유명한 필라르 성모 대성당이 있는 곳이다. 이냐시오 성인은 로욜라에서 바르셀로나로 순례했지만 우리는 성인과 반대 방향으로 거슬러 가고 있었다. 원래 계획은 사라고사 시내 호텔에서 하룻밤을 묵을 예정이었지만 예기치 않게 사라고사 근처 소도시 투델라(Tudela)에 머무는 것으로 일정이 변경되었다.

만레사에서 투델라까지 버스로 약 4시간 소요되었다. 순례하면서 이렇게 버스로 장거리 이동할 때는 보통 차창 밖 경치를 보며 쉬기도 하고, 개인 기도 시간으로 활용하기도 한다. 우리는 투델라까지 이동하는 동안 스페인 역사에 대해 설명하는 시간을 가졌다.

스페인은 우리나라 면적의 5배가 넘는, 유럽에서 큰 국토 면적을 가진 나라다. 우리나라 크기의 포르투갈을 제외하면 이베리아반도 전체가 거의 스페인에 속한다. 선사시대부터 이 땅에 들어와 정착한 이베리아인들이 지중해 연안에 거주했다고 한다. 그 후 기원전 9세기부터 6세기까지 켈트족이 이베리아반도 북부와 중부 지방에 들어왔고, 같은 시기에 페니키아인들도 남부 해안 지방으로 들어왔다. 그리고 이 지역이 로마제국의 속주가 되기 전까지는 당시 지중해 패권을 장악한 카르타고인들이 이베리아반도를 침공해 새로운 도시들을 건설했다. 2차 포에니전쟁 후 카르타고가 힘을 잃었을 때 이 지역은 로마의 식민지가 되었다.

로마제국은 스페인을 500여 년간 지배했으며, 광활한 영토를 다스리기 위해 각 지역에 자율권을 부여하고 능력에 따라 차별 없이 로마 시민 자격을 얻을 수 있게 했다. 예를 들어 트라야누스는 스페인에서 태어난 황제이며, 테오도시우스 1세 또한 스페인 출신의 황제였다.

서기 476년 로마제국이 게르만족에게 멸망하면서 이베리아반도는 힘의 공백 상태가 되었다. 이 공백기에 서고트족이 이베리아반도를 장악하여 왕국을 세우고 약 250년간 지배하였다. 7세기 모하메드가 창시한 이슬람 종교 세력이 아라비아반도를 점령하고, 이어 이집트와 북아프리카 지역을 장악하더니 지브롤터 해협을 건너 순식간에 이베리아반도 거의 전역을 장악하였다.

이때가 711년경이다.

이베리아반도 북서쪽 아스투리아 지역으로 내몰린 그리스도인들은 코바동가 계곡에서 펠라요 장군을 중심으로 718년 아스투리아 왕국을 세우고 국토 회복 전쟁을 벌이기 시작했다. 이때부터 스페인 역사가 시작되는 원년이다. 이후 800여 년간 스페인은 이슬람 세력에게 빼앗긴 국토를 탈환하는 '국토회복운동[스페인어로 레콩키스타(Reconquista)라고 한다.]'이 펼쳐졌다. 1469년 카스티야 왕국의 이사벨 여왕과 아라곤 왕국의 페르난도 국왕의 결혼으로 가톨릭 통일 왕국의 토대를 마련하고, 마침내 1492년 이사벨 여왕이 이끄는 군대가 스페인 남부 그라나다 왕국을 점령하면서 국토 회복 운동의 역사는 종결되었다.

■ 국토회복운동이 종결되기 전 이베리아 반도의 상황

8~15세기에 걸쳐 지속된 국토 회복의 시기는 이슬람 세력과 전쟁만 한 것이 아니라 이슬람의 다양한 문화가 유입되고 서로 교류하는 시기이기도 했다. 스페인은 이들로부터 수학, 과학, 천문학, 의학, 건축 등 당시로서는 자신들보다 월등히 앞선 문명을 받아들여 국가 발전의 기틀을 닦았다.

1492년 통일왕국을 이룬 스페인은 세계적인 제국으로 발돋움할 수 있는 토대를 마련하게 되었다. 이사벨 여왕의 후원을 받은 콜럼버스는 대서양을 건너 신대륙을 발견하였고, 그 결과 아메리카 대륙의 마야, 잉카 제국을 정복하여 그곳에서 막대한 금은보화를 스페인으로 유입시켰다. 이에 스페인은 막강한 군사력을 바탕으로 유럽 각지를 자신의 통치하에 두었다. 요컨대 스페인은 자신의 본토를 비롯하여 포르투갈, 당시 신성로마 제국의 영토인 독일, 오스트리아, 헝가리, 네덜란드와 벨기에, 이탈리아 북부의 밀라노를 중심으로 한 롬바르디아 지방, 로마 이남 전체, 사르데냐와 시칠리아 섬, 프랑스 부르고뉴 지방, 신대륙의 멕시코, 볼리비아, 페루, 아시아의 필리핀, 북아프리카의 일부 지방을 통치하였다. 이는 스페인 왕가가 유럽 명문가와 정략결혼을 통해, 그리고 군사력을 이용한 해외 영토 확장을 통해 얻은 결과였다. 1588년 스페인의 무적함대가 영국 엘리자베스 1세 여왕에게 패배하기 전까지 그야말로 '해가 지지 않는 나라'가 된 것이다.

우리가 순례를 통해 마주하고 있는 스페인의 걸출한 세 성인, 성이냐시오(1491~1556년), 예수의 데레사 성녀(1515~1582년), 십자가의 성요한(1542~1591년)이 살았던 시기는 스페인 통일시대로서 국가적으로 가장 융성했던 때다. 하지만 당시 루터의 종교개혁으로 개신교가 가톨릭교회에서 분열되어 나갔고, 인간 중심적인 인문주의 사상의 영향과 다양한 이단의 출현 등으로 가톨릭교회는 혼란의 시기를 보내고 있었다. 이러한 위기와 혼란을 극복하고 가톨릭 신앙을 수호할 수 있었던 것은 스페인의 세 성인 덕분이 아닐 수 없다. 이분들은 기도 안에서 하느님을 만날 수 있는 길을 안내하고, 하느님의 뜻에 따라 그리스도의 모범을 철저히 살아내셨다.

■ 1571년 가톨릭 연합함대가 오스만제국 함대를 물리친 레판토 해전

또한 세 성인이 살았던 세계는 교회 내적인 문제뿐 아니라 이슬람 세력으로부터 위협받던 시기였다. 당시 이슬람 세력은 동로마제국을 멸망시키고 유럽으로의 진출을 꾀하고 있었다. 이때 스페인과 베네치아, 그리고 교황청을 비롯한 그리스도교 연합함대는 1571년 그리스 앞바다 레판토에서 이슬람 세력인 오스만제국 함대와 대적하고 있었다. 이슬람과 대치한 가톨릭 신자들은 교황님의 명으로 후방에서 승리를 기원하는 묵주기도를 대대적으로 바쳤고, 그 덕분에 이슬람 세력을 격퇴할 수 있었다. 대해전을 승리로 끝낸 후 교황 비오 5세는 승전일인 10월 7일을 묵주기도 기념일로 정하였다.

스페인의 위대한 세 성인과 스페인 무적함대는 16세기 위기에 처한 유럽의 가톨릭교회를 지키는 데 큰 공헌을 했다. **각 시대마다 마주해야만 하는 시대적인 사명이 있다. 오늘 우리 각자에게도 마주해야 할 일과 책임이 있다. 우리가 순례하게 될 성인들의 삶을 통해 마주해야 할 일을 피하지 않고 응답하고 해결해 나갈 수 있는 은총이 우리에게 더해지기를 희망해 본다.**

스페인 역사에 대한 설명과 우리 일행 한 사람씩 자기소개 시간을 갖다 보니 지루해할 틈 없이 목적지 투델라에 도착했다. 호텔 체크인을 마치니 저녁 시간까지 2시간 정도 여유 시간이 허락되었다. 3일 동안 바르셀로나를 안내해 준 현지 가이드는 만레사에서 헤어지고, 다음 날부터 함께해 줄 또 다른 현지 가이드는 밤

■ 조용하고 한적한 투델라 밤거리(위):
 길 바닥에 있는 조가비는 이 길이
 산티아고로 가는 길임을 말해준다.
 투델라 주교좌 성당(아래)

■ 투델라 야간 광장의 모습. 스페인어로 이곳이 '채소의 중심 도시'라고 쓰여 있다.

늦게 투델라에 도착한다고 했다. 따라서 필자가 현지 가이드가 되어 일행을 이끌고 투델라 시내를 탐방하러 나갔다.

필자도 이 도시는 처음이었다. 관광지가 아닌, 현지인들이 사는 소도시라서 길거리 곳곳이 고풍스럽고 운치 있었다. 우리는 지도를 보고 주교좌 성당 근처 구도심으로 걸어갔다. 우리나라 아파트 숲과는 달리 돌길과 중세풍 건물이 평온함을 느끼게 했다. 소도시임에도 웅장한 주교좌 성당이 있었는데 늦은 시간이라 성당 문이 닫혀서 아쉽게도 들어가 볼 수는 없었다.

예기치 않게 이곳에 왔지만 나중에 지도를 살펴보니 이곳은 이냐시오 성인이 로욜라 성에서 바르셀로나로 순례할 때 거쳐 갔던 곳이다. 또한 투델라는 스페인에서도 손꼽히는 청정 지역이며, 유기농으로 채소를 재배하는 곳으로 유명하다고 한다. 그래서 소도시임에도 불구하고 스페인 곳곳으로 채소를 실어 나르기 위해 기차가 정차하는 곳이다. 광장에서 여유를 즐기는 현지인들의 모습을 보면서 스페인 사람들의 일상과 밤 문화를 엿볼 수 있었다. 조금은 느긋해진 마음으로 스페인 고유의 정취를 느껴 볼 수 있어 좋았다.

필라르의 성모님

새 아침을 알리는 새소리를 들으며 잠에서 깨어 맑은 기분으로 침대에서 일어났다. 우리가 묵은 호텔은 수녀원으로 사용하던 건물을 힐튼에서 인수하여 호텔로 개조한 곳이었다. 다른 숙소보다 넓고 고풍스러운 멋이 느껴졌다.

이날 오전 우리가 방문할 순례지는 사라고사의 랜드마크 '필라르 성모 대성당'이었다. 필라르 대성당에서 아침 9시 미사를 예약한 터라 서둘러 출발해야 했다. 아침 식사를 마치고 8시에 버스에 올랐다. 스페인은 영국과 같은 시간대에 위치하지만 한 시간 빠른 이탈리아 시간대를 사용하고 있어 아침 8시가 되었지만 밖은 약간 어둑했다. 투델라에서 사라고사까지는 한 시간 정도 소요되었다.

어젯밤 늦게 호텔에 도착한 현지 가이드가 사라고사 도시에

■ 사라고사를 관통하는 에브로 강가에 위치한 필라르 성모 대성당

대해 설명해 주었다. 사라고사는 스페인이 통일왕국을 이루기
전 아라곤 왕국의 수도였고, 스페인에서 다섯 번째로 큰 대도시
이다. 과거 켈트족의 거주지였지만 로마가 이곳을 점령한 후 중
요한 군사요충지로 이용돼 로마시대 유적지가 많다고 한다. '사라
고사'라는 이름도 로마인들이 이곳을 '쎄사라우구스따'라고 부른
데서 유래했다고 한다.

우리는 약속 시간보다 조금 늦게 대성당에 도착했다. 얼른 미
사 도구만 챙긴 뒤 버스에서 내려 대성당을 향해 부지런히 뛰었
다. 현지 대성당 봉사자 한 분이 미사를 드릴 수 있는 경당으로

■ 필라르 성모 대성당의 한 경당에서 벽 쪽의 제대를 바라보며 미사봉헌

안내해 주었다. 그러면서 우리에게 주의 사항을 일러주었는데 미사 봉헌이 한 시간으로 제한돼 있으니 그 안에 미사를 끝내줄 것과 미사 중 성가는 부르지 말 것을 부탁하였다.

그 경당은 제2차 바티칸 공의회 이전처럼 제대가 신자석 앞쪽이 아닌 뒤쪽에 위치해 신자들을 등지고 미사를 봉헌하게 되어 있었다. 그리고 대성당 중앙 제대에서 다른 미사가 봉헌되고 있어서 우리는 최대한 피해를 주지 않으려고 한국에서 준비해 간 순례용 마이크와 이어폰을 착용하고 미사에 임했다. 필자는 분주했던 마음을 차분히 정돈하며 미사 초두에 다음과 같은 멘트로 미사의 은총을 청했다.

"오늘 미사를 드리는 곳은 우리가 알고 있는 두 순례자와 밀접한 관련이 있습니다. 한 분은 예수님의 제자인 사도 성야고보(요한의 형제)요, 다른 한 분은 성이냐시오입니다. 이냐시오 성인의 경우는 어제 만레사 동굴에서 보았듯이 성인의 생가가 있는 로욜라에서 바르셀로나로 가면서 이곳을 통과하였고, 성야고보 사도는 이곳에서 복음선포 중에 성모님의 발현을 체험하였습니다. 두 분 모두 이곳에서 성모님을 만나서 위로와 힘을 얻었습니다. 우리에게도 그러한 은혜를 베풀어 주시도록 주님께 간청합시다."

전승에 따르면 성야고보(스페인어 발음으로는 '산티아고'라고 부른다.) 사도는 세상 끝까지 가서 복음을 전하라는 예수님의 말씀에 따라 당시 세상 끝이라고 여겨졌던 대서양 연안, 지금의 산티아고까지 가서 복음을 전하고 예루살렘으로 되돌아가는 길에 이곳에서도 복음을 전했다고 한다. 그러나 이교 사상에 젖어 있던 이곳 사람들이 야고보 사도 일행에게 적대감을 보이며 복음을 받아들이지 않았다. 서기 40년 1월 2일 밤, 야고보 사도가 일곱 제자와 함께 에브로 강가에서 슬픔과 절망 속에 눈물의 기도를 드릴 때 성모님께서 천사들과 함께 기둥 위에 서 계신 것을 보았다. 6세기 그레고리오 대교황은 〈욥기 주해〉에서 이 장면을 다음과 같이 묘사하고 있다.

성모님께서 야고보 사도에게 "너무 힘들어하지 마라. 때가 되

■ 기둥 위에 성모님이 발현한 사건을 나타낸 성화(바르셀로나 카탈루냐 미술관)

면 이 땅에 나의 아들 그리스도를 믿는 사람이 많이 생길 것이다. 그러니 힘과 용기를 내어 희망으로 다시 일어나라."고 위로하셨다. 그러고는 "내가 서 있는 이 기둥 둘레에 제대를 마련하고 성당을 세워라. 그 성당은 세상 끝날까지 존속할 것이며, 나의 도움을 간청하는 모든 사람은 나의 전구로 하느님께서 경이로운 당신 일을 할 수 있도록 함께하겠다."고 말씀하시고 약속의 징표로 기둥을 남겨두고 자리를 떠나셨다.

  사도 야고보는 성모님의 발현으로 깊은 위로를 받고 다시는 무너지지 않을 믿음의 기둥을 마음에 세웠다. 이후 그는 굳센 믿음 안에서 복음을 선포하여 대성공을 거두었고, 경당 관리를 위해 제자 한 사람을 그곳에 남기고 예루살렘으로 돌아갔다. 그 후 야고보 사도는 그곳에서 헤로데에게 붙잡혀 12사도 중 첫 번째로 서기 44년에 순교하셨다(사도 12,2).

  우리는 미사를 마치고 성모님께서 발현하셨던 기둥 앞으로 갔다. 이곳을 거쳐 간 많은 순례자들이 기도하였듯이 우리 역시 차

■ 성모님께서 발현하신 기둥(좌), 기둥에 손을 대고 기도하는 모습(우)

례를 기다려 그곳에서 무릎을 꿇고 기도드렸다. 그간 수많은 신자가 다녀갔는지 대리석으로 된 기도 받침대가 닳아 있었다. 얼마나 많은 사람이, 얼마나 간절히 기도했을까! 이곳을 지나간 성인들과 수많은 순례자들이 오늘 우리처럼 성모님의 도움을 청했을 것이다.

이냐시오 성인 자서전에 성인이 이곳에서 기도했다는 언급은 없지만 성모님께서 야고보 사도를 위로해 주시고 동반해 주신 것처럼 자신의 순렛길에 함께해 주시도록 기도드렸을 것이다. 이냐시오 성인은 영신수련에서 특별한 은총을 구하고자 할 때 성모님, 성자, 성부 세 분에게 차례대로 가서 청원하는 '삼중담화 기도법'(영신수련 63항)을 활용하도록 권고하셨다. 이것은 성모님의 중재에 대한 이냐시오 성인의 강한 믿음과 스스로의 체험에서 체득한 것이리다.

성모님의 중재효과는 요한복음 2장 가나안 혼인 잔치에서 잘 드러나고 있다. 혼인 잔치에 쓰일 포도주가 다 떨어져 난감한 상황에 놓였을 때, 예수님께서는 아직 때가 이르지 않아 기적을 베풀려 하지 않으셨지만 성모님의 요청으로 물로 포도주를 만드는 기적을 행하셨다. 바로 당신의 계획마저 유보하시며 성모님의 청원을 들어주신 것이다. **우리 공덕이 부족하여 주님께 청원하기가 쉽지 않을 때 성모님께서는 당신의 공덕으로 우리의 부족한 공덕을 채워 주시는 기도의 중재자이시다. 우리 곁에 함께 계시며 예수님께, 그리고 아버지 하느님께 인도해 주시는 어머니가**

■ 고야의 천장화, '순교자의 모후'(위),
스페인 내전 때, 필라르 성전에
떨어져 불발된 포탄(아래)

계셔서 우리 신앙인들에게는 얼마나 큰 위안인가!

가이드의 안내에 따라 대성당 내부를 돌아보았다. 성가대석을 비롯하여 고야의 유명한 천장화 '순교자의 모후'를 바라보았다. 그리고 대성당 안에 전시된 포탄 두 발에 대한 설명을 들었다. 이 불발탄은 스페인 내전 당시 건물을 뚫고 대성당 내부로 떨어졌는데 성모님의 도움으로 기적적으로 폭파되지 않아서 대성당이 손상되지 않았다고 한다.

대성당 입구에서 성모님의 망토를 상징하는 리본을 구입했다. 성모님의 망토는 어려운 순간에 항상 함께해 주시겠다고 성야고보에게 약속하신 성모님의 중재를 의미하는 것이다. 리본 포장에 "필라르의 성모님께서 고통 중에 있는 병자들에게 위로와

■ 성모님의 망토를 상징하는 필라르 리본을 매단 배낭

97

힘을 주시고, 이동 중에 있는 순례자들에게는 성모님께서 신실하고 성스러운 동반자가 되어 주신다."고 쓰여 있었다. 우리는 구입한 리본을 하나씩 꺼내 각자의 배낭이나 손가방에 묶으며, 성모님께서 순례 중에 있는 우리를 보호해 주시도록 기원했다.

자기를 버리고,
자기 십자가를 지고 나를 따르라

✚

사라고사의 랜드마크 필라르 대성당에서의 미사와 순례를 마치고 대성당 앞에 펼쳐진 너른 광장으로 나왔다. 미사 시간 때문에 바빠 대성당 안으로 들어갈 때와는 달리, 밖으로 나오자 특이한 성당 건축물이 눈에 들어왔다. 이 대성당은 화려한 타일로 장식된 11개 돔으로 이루어져 성당 건물처럼 보이지 않았다. 현재의 모습으로 개축된 시기가 17세기여서 그런지 대성당은 전반적으로는 바로크 건축이지만 과거 이곳을 지배했던 이슬람 문화의 요소도 짙게 배어 있었다.

사라고사에는 이슬람 왕조시대에 지어진 '알하페리아 궁전', 본래 모스크로 지어졌다가 성당으로 개조된 '라세오 대성당' 등 이슬람 건축양식으로 지어진 명소들이 있지만 당일 일정이 소

■ 이슬람 건축술로 지어진 필라르 대성당 지붕(위)과 라세오 대성당 옆면(아래)

리아를 거쳐 세고비아에 도착하는 긴 여정이어서 둘러볼 시간
은 없었다. 우리는 사라고사를 떠나는 아쉬움을 달래기 위해서
대성당 근처 전통 제과점에 들러 간단히 요기하고 차에 올랐다.
사라고사에서 소리아까지는 버스로 1시간 30분쯤 소요되었다.
우리는 차 안에서 각자 자유롭게 기도하고 휴식하는 시간을 가
졌다.

　필자는 "자기를 버리고, 자기 십자가를 지고 나를 따르라."는
금일 복음 말씀을 묵상하는 시간을 가졌다. 그동안 예수님의 이
말씀을 묵상할 때마다 어렵게 다가왔다. 자기를 버린다는 것이
어디 말처럼 쉽겠는가! 그리고 '십자가를 지라'는 말은 멍에를
더 얹고 살아가라는 말씀처럼 들려서 무거움으로 다가왔다. 그
런데 이 말씀이 평소와는 달리 우리가 감당해야 할 각자의 인생
무게를 가볍게 해주시는 말씀으로 들렸다. 자기를 버리고 자기
십자가를 지고 난 후에 예수님을 따르는 것이 아니라 예수님을
우선적으로 따르는 것에 목적을 두고, 그 목적에 부합하는 가장
효율적이고 효과적인 방법이 '자기 버리기'와 '자기 십자가를 지
는 것'이라고 생각되었다.
　조삼모사식 관점의 전환이었지만 가끔은 이런 방식이 필요하
다. 요컨대 아기를 출산하는 산모가 출산의 고통을 먼저 생각하
기보다는 아기 출산의 기쁨이 먼저고, 고통은 그 기쁨에 뒤따르
는 것으로 관점을 전환하면 산고가 덜하지 않을까.

필자는 이틀 전 바르셀로나 성가정 성당을 보고 감탄했었다. 대성당의 아름다움에 압도되기도 했지만 가우디가 100m가 넘는 타워만 해도 18개나 되는 엄청난 하중을 건축공학적으로 견딜 수 있는 방법을 고안했기 때문이다. 그는 건축가였기 때문에 건물을 높이 올릴수록 하중을 잘 받아낼 수 있는 창의적인 구조가 필요하다고 여겼다. 지구상의 모든 물체는 무겁고 땅에서 멀어질수록 지구 중력이 강하게 작용하기 때문이다.

가우디는 이 문제를 해결하기 위해 자연에서 지혜를 구했다. 자신의 하중을 잘 견디면서 바람에도 버틸 수 있는 나무는 가지와 뿌리를 효율적이고 효과적으로 이용하기 때문이다. 가우디는 대성당을 지을 때 미학적 관점에서 나무 모양을 본뜨기도 했지만 건축공학적 관점에서 나뭇가지처럼 상부의 하중이 건물 기초에 효과적으로 전달되도록 했다. 또한 나무줄기가 폭을 넓히면서 땅에 안착되는 면이 커질수록 더 큰 하중을 견디듯이, 성당 외벽 기둥들을 기울어지게 하여 하중을 더 잘 지탱하도록 했다. 이렇게 상부의 하중을 기초 부분에 효과적으로 전달하고, 전달된 하중을 잘 견딜 수 있도록 창의적인 설계를 함으로써 형언할 수 없이 웅대하고 아름다운 대성당이 완성될 수 있었다.

이렇게 **대성당이 하중을 견디면서 건설될 수 있듯이, 우리 삶도 열매를 맺기 위해 효율적이고 효과적으로 인생의 하중을 견딜 수 있도록 재정비되어야 하리라.** 효율적이고 효과적인 삶의 개선을 위해 우선 우리 삶을 무겁게 짓누르고 있는 교만의 태도

■ 하중을 잘 지탱하도록 건축된 성가정 성당의 기울어진 기둥들

에서 벗어나야 한다. 교만함은 우리를 죄짓게 하는 죄의 뿌리로, 교만함이 우리 의지와 행위로 연결되어 나타날 때 우리 영혼은 죄의 무거움 속에 빠진다. 따라서 그 뿌리를 뽑아내지 않으면 죄라는 독버섯을 피할 수 없다. 이냐시오 성인은 〈영신수련〉 책자에서 '두 개의 깃발'(영신수련 136-148항)이라는 특수묵상을 통해 교만함이 어떻게 자라나고, 겸손은 어떻게 키워지는지 묵상하도록 안내한다.

또한 우리 인생은 풍파 없이 무난하게 살아가도록 불리움받지 않고, 사랑이신 하느님께서 완전하신 것처럼 사랑의 관점에서 우리가 완전한 사람이 되도록 불리움받았다. 사랑의 차원에서 완전함은 그리스도께서 보여주신 사랑의 길을 따름으로써 완성될 수 있다. 이 길은 환경에 적응하며 주어진 대로 살아가는 삶에 비해 훨씬 많은 어려움이 따른다. 따라서 이런 하중을 견디기 위해 효율적이고 효과적인 삶(생활)의 개선이 뒤따르지 않으면 안 된다.

이냐시오 성인은 〈영신수련〉 제189항 생활개선을 위해 다음과 같이 제시하고 있다. "각자가 자기의 사랑, 자기의 의지와 이권에서 멀리 떨어질수록 모든 영신 사정에 있어서는 더욱 진보할 것이란 것을 알아야 할 것이다." 삶의 개선을 위해 자기 욕구나 본성, 자기 이익에서 멀어지는 것은 곧 자기 십자가를 지고 가는 길이며, 이것이 바로 삶을 열매 맺게 하는 올바른 방향임을 말하고 있다. **자기 십자가를 지고 가는 것은 우리 인생의 무게를 무겁게 하는 것이 아니라 사랑의 완성을 위해 뒤따르는 인생의 중력을 적극적이고 효과적으로 감내하려는 자세이기도 하다.**

소리아에 도착했을 때 비가 내리고 있었다. 스페인은 대서양 연안 북부지방을 제외하면 강우량이 많지 않다. 엊그제 떠나온 바르셀로나는 1년째 비가 내리지 않아 제한급수 중이라고 했는데 이곳에서 비를 만나니 반가운 마음이 들었다. 예약된 곳에서

■ 성사투리오 은수자 동굴(위)과 은수자 동굴 옆에 흐르는 두에로 강가의 풍경(아래)

점심 식사를 하고 아빌라의 데레사 성녀가 직접 창립한 가르멜 수녀회에 가려고 했지만 진입로 공사 중이라 버스가 들어갈 수 없었다. 아쉽지만 앞으로 성녀가 직접 세운 수녀원 다섯 곳(세고비아, 아빌라, 알바디토르메스, 살라망카, 바야돌리드)을 방문할 예정이어서 우리는 소리아 외곽에 있는 성사투리오(San Saturio) 은수자 동굴로 방향을 선회하였다.

스페인에서 인구가 가장 적은 주 소리아의 수호성인이 성사투리오라고 한다. 이 성인은 부모님이 돌아가신 후 가난한 사람들에게 자기 재산을 나누어주고 두에로(Duero) 강가 옆 동굴에 들어가 제자들과 함께 은수 생활을 했다고 한다.

주차장에 차를 세우고 1km 정도 걸어서 성인의 은수자 동굴로 갔다. 18세기 동굴 위에 현재의 수도원이 세워졌다. 동굴 경당 입구까지 갔지만 이곳도 공사 중이라 들어갈 수 없었다. 아쉬움이 컸지만 주변 경관이 아름다워 그 아쉬움을 달랠 수 있었다.

소리아에서 세고비아까지 3시간 동안 버스를 탔다. 검은 구름 속에서 억수같이 쏟아지는 장대비를 뚫고 무사히 세고비아 숙소에 도착했다. 여장을 풀고 스페인식 늦은 저녁 식사를 마친 뒤 금일 여정에 감사드리며 잠자리에 들었다.

두 성인의 도시 세고비아

✛

새벽 6시, 우리는 호텔에서 마련해 준 회의실에 모여 아침 미사를 봉헌했다. 금일 복음은 마태복음 9장 14-15절로 요한의 제자들이 예수님께 단식에 대해 질문하는 내용이다.

> 그때에 요한의 제자들이 예수님께 와서 "저희와 바리사이들은 단식을 하는데 스승님의 제자들은 어찌하여 단식하지 않습니까?" 하고 물었다. 예수님께서는 그들에게 이르셨다. "혼인 잔치 손님들이 신랑과 함께 있는 동안에 슬퍼할 수 없지 않겠느냐? 그러나 그들이 신랑을 빼앗길 날이 올 것이다. 그러면 그들도 단식할 것이다."

예수님께서 말하는 '혼인 잔치의 손님들이 신랑을 빼앗기는 순간'은 바로 하느님의 현존이 느껴지지 않고, 마음이 무덤덤하며, 삶의 의미를 느끼지 못하고 자존감이 낮아지고, 무력감과 공허감으로 헤맬 때가 아니겠는가! 예수님께서 말씀하시는 참다운 단식의 의미는 신앙의 증표로 보여주기 위한, 혹은 사순 시기나 대림 시기를 맞아 습관적으로 행하는 것이 아닌, 바로 하느님의 현존을 가로막는 내면의 구름을 걷어내기 위해서 해야 함을 강조한 것이다. 이는 목적의식이 결여되거나 목적과 수단이 뒤바뀔 때 우리의 행위가 제대로 열매 맺지 못함을 일깨워 주는 가르침이다.

아침 식사 후 호텔에서 체크아웃하고 여행용 큰 가방과 짐을 전용 버스에 모두 실었다. 그러고는 간단한 소지품만 챙겨 홀가분한 마음으로 길을 나섰다. 세고비아는 작은 도시여서 도보로도 충분히 순례할 수 있는 곳이었다. 우리는 오전에 세고비아 시내를 도보로 횡단한 후 반대편에서 버스를 타기로 했다.

숙소를 나서자 로마시대에 건축된 커다란 수도교가 우리 앞에 나타났다. 지난밤에는 비가 내리고 어둠이 짙어 잘 보이지 않았는데 비가 그치고 아침이 밝아지니 수도교가 성채처럼 나타난 것이다.

우리는 수도교에 대한 설명을 들으며 로마제국의 스케일과 디테일에 놀랐다. 167개의 아치가 있는, 길이 800m, 높이 30m의 이 수도교는 2만 400개의 커다란 돌 벽돌을 쌓아 만들었다고 한다. 그런데 더 놀라운 것은 돌과 돌 사이에 석회 성분이나 콘크리트 성분을 전혀 사용하지 않고 순수한 돌로만 쌓아 올렸는데 지금까지 2,000년 동안 폭우나 지진, 태풍에도 견딜 수 있는 내구성을 갖춘 것이다. 이렇게 무너지지 않도록 건축될 수 있었던 것은 원석을 벽돌로 다듬어 완벽한 평형을 이루도록 중심을 잘 잡아서 쌓아 올린 덕분이라고 한다.

필자는 이 건축물 앞에서 우리에게 닥쳐오는 온갖 시련과 풍파 속에서도 쉽게 무너지지 않고 삶이 완벽한 평형을 이루도록

■ 세고비아의 장엄한 수도교 전경

중심을 잡는 삶의 지혜가 무엇일까 생각해 보았다. 그것은 이냐 시오 성인이 말한 것처럼 우리가 매 순간, 그리고 일생을 하느님의 뜻을 찾고 그것을 실천해 가는 것이 아닐까. 그래서 예수님께서도 "하느님의 뜻을 찾고 실천하는 사람은 마치 바위 위에 집을 짓는 사람과 같다."고 하셨다.

2016년 이세돌 9단과 인공지능(AI) 알파고 간 바둑 대결이 있었다. 이때 바둑은 서양 장기인 체스보다 경우의 수가 많아서 AI가 인간을 이기기 힘들 것이라는 전망이 많았다. 그러나 결과는 5국 중 제2국만 이세돌 9단이 이기고 나머지 4국은 모두 알파고가 이겼다. 그것은 알파고의 딥러닝 시스템을 간과했기 때문

■ 평형을 잘 잡아 쌓아 올린 수도교의 모습

[""]

이다.

앞으로 인간은 바둑에서 AI를 절대로 이길 수 없다. AI가 딥러닝 시스템으로 모든 기보를 공부하는 점도 있지만 AI는 감정의 영향을 받지 않기 때문이다. 바둑을 둘 때 사람은 전에 둔 수의 영향을 쉽게 떨쳐버릴 수 없다. 인간은 감정 때문에 아무리 바둑 고수라고 해도 최선의 수를 찾을 확률이 낮아진다고 한다. 그러나 AI는 감정의 영향을 받지 않고, 이미 진행된 상황에서만 최적의 수를 찾는다고 한다. **우리도 하느님의 뜻을 찾을 때 과거의 상처나 감정의 영향을 최대한 배제하고 이미 일어난 상황 안에서 최적의 수를 찾는 AI의 지혜를 배운다면 하느님의 뜻을 찾기가 보다 쉬울 것이다.**

'세고비아' 하면 흔히 기타가 떠오른다. 그러나 세고비아는 기타와 별로 관계가 없다고 한다. 왜 명품 기타가 세고비아로 명명되었는지 그 연원에 대한 호기심이 생기지만 세고비아는 공교롭게도 두 가르멜의 성인 '아빌라의 성녀 데레사'와 '십자가의 성요한'과 관련이 깊은 곳이다. 이곳에는 데레사 성녀가 생전에 직접 설립한 17개 수녀원 중 한 곳이 있다. 또한 십자가의 성요한이 직접 세운 은둔소와 남자 수도원이 있는데 성요한은 사후에 이곳 수도원 성당에 묻혔다.

가르멜의 두 성인은 수덕과 신비 생활로 대변되는 그리스도교 영성 생활을 정립한 교회의 박사들이다. 오늘날 이 두 성인은 교

■ 데레사 성녀가 직접 창립한
세고비아 가르멜 수녀원 성당(위)과
세고비아 가르멜 남자 수도원에 있는
십자가의 성요한 무덤(아래)

회 박사, 대학자로 추앙받고 있지만 대학자의 명성을 얻으려는 의도는 추호도 없었다. 어찌 보면 두 성인은 이론가, 사상가라기 보다는 시대의 징표를 읽고 복음에 충실한 삶을 통해 당시 교회가 직면하고 있던 위기를 극복하고자 했던 실천가요, 기존 가르멜 수도원을 새롭게 재탄생시키려 했던 개혁가였다.

우리 일행은 우선 세고비아 대성당에서 200여 미터 떨어진 곳에 위치한 가르멜 수녀원에 들렀다. 이곳은 데레사 성녀가 직접 세운 수녀원으로, 창립 때부터 지금까지 가르멜 수녀님들이 줄곧 수도 생활을 하는 곳이다. 당연히 수도 생활을 하는 봉쇄 구역에는 들어갈 수 없었지만 수도원 성당은 개방되어 있었다. 우리 일행은 성당에서 기도를 드린 다음 경내를 둘러보았다.

성녀가 세고비아에 수녀원을 세운 연유는 예기치 않게 장상의 허락 덕분이라고 한다. 성녀가 세고비아 수녀원을 창립하기로 마음을 정한 것은 1574년이었다. 성녀는 1571년부터 아빌라의 강생 수녀원장 소임을 맡고 있었지만 이미 창립된 살라망카 수녀원 이전 문제가 있어 살라망카에 머물던 중이었다. 이때 기도 중 세고비아에 수녀원을 창립하라는 주님의 음성을 듣게 되지만 당시 여러 정황상 그곳에 수녀원을 창립한다는 것은 거의 불가능한 상황이었다. 그렇다고 주님의 음성을 무시할 수 없어 모든 마음을 비우고 성녀의 직속 장상 신부님께 청원을 드렸다. 그런데 뜻밖에 허락 통보를 받았다(창립사 21장 참조). 성녀는 주님께서 모두 예비해 주신다는 '야훼이레'(창세 22,14) 신앙 체험을 한 것이다.

우리는 하느님의 일을 추진해 나간다고 하면서도 인간적인 마음에 묶여 걱정과 갈등에 휩쓸릴 때가 많다. 하지만 이때 '야훼이레' 신앙으로 주님께서 예비해 주신다는 신뢰로 초연하게 대처해 나간다면 주님께서 손수 이끌어 주심을 체험하게 될 것이다. 성녀는 우리에게 하느님의 일을 어떻게 해나가야 하는지 그 모범을 보여주고 있다.

가르멜 수도회 탄생

우리는 데레사 성녀가 직접 창립한 세고비아 가르멜 수녀원에
서 세고비아 알카사르로 향했다. 알카사르(Alcazar)는 스페인어
로 '성'을 뜻하기 때문에 여러 도시에서 알카사르를 찾아볼 수
있지만 그중에서 세고비아 알카사르는 월트 디즈니의 만화영
화 〈백설 공주〉의 모티브로 삼을 만큼 아름답고 환상적인 모습
을 자랑한다.

우선 이곳에 들어서면 평지에 우뚝 솟은 모습이 이곳이 얼마
나 적의 공격으로부터 방어하기 좋은 성(城)이었는지를 단번에
알 수 있다. 성의 외관만 바라봐도 아름답지만 주변 전망과 아우
러진 풍경은 한 폭의 그림을 연상케 했다. 이곳은 예전에 포병학
교 건물로도 사용되어 다양한 군사 유물이 전시되어 있었다. 경
관이 너무 멋진 곳이어서 우리 일행은 주변을 배경으로 사진을

여러 컷 찍었다.

멀리 십자가의 성요한이 세운 세고비아 수도원과 은둔소가 희미하게 보였다. 장엄한 알카사르 성채와 소박한 수도원 은둔소 두 장소가 대비되면서 이냐시오 영신수련의 〈두 개의 깃발〉(영신수련 136-147항) 묵상이 생각났다.

이냐시오 성인은 예수 그리스도가 머무는 예루살렘과 사탄의 무리가 진을 치고 있는 바빌론의 도시를 연결하여 그리스도와 사탄의 두목 베엘제불이 세상 사람을 어떻게 자기 진영으로 끌어모으는지 성찰하라고 한다. 이곳 알카사르 성채의 경치가 아름답기는 하나 영신수련의 '두 개의 깃발'에 나오는 바빌론처럼

■ 알카사르 성채에서 바라본 주변 경관. 저 멀리 희미하게
성요한이 세운 가르멜 남자 수도원과 은둔소(↓)가 보인다.

부와 권력으로 사람을 꼬드겨서 교만하게 만듦으로써 하느님으
로부터 멀어지는 술책을 쓴다. 그러나 십자가의 성요한이 지은
수도원은 예수님이 머무는 예루살렘처럼 평화가 가득하고 사람
을 가난과 모욕을 기꺼이 참아 받도록 하여 참된 겸손으로 이끎
으로써 하느님께서 함께 머무시는 평화가 감도는 곳처럼 여겨
졌다.

**가르멜 수도회의 정신은 하느님과 대적하려는 교만의 세력을
물리치려는 이스라엘 가르멜산의 엘리야 예언자의 정신에서 비
롯되었다.** 하느님으로부터 선택받은 이스라엘 백성이 야훼를 떠

117

나 바알 신앙에 빠져 있을 때 엘리야 예언자는 그들을 꾸짖으며 야훼 신앙으로 되돌아올 것을 호소한다.

"여러분은 언제까지 양다리를 걸치고 있을 작정입니까? 만일 야훼가 하느님이라면 그를 따르고, 바알이 하느님이라면 그를 따르시오."(1열왕 18,21).

데레사 성녀가 직접 쓴 '창립사'에도 가르멜 수도회의 정신적 기원이 엘리야 예언자의 정신에 있음을 다음과 같이 기술하고 있다.

"하느님의 사랑으로 여러분에게 간청합니다. (…) 우리 성조이신 저 거룩한 예언자로부터 이어져 온 맥을 주시하십시오."(창립사 29,33)

엘리야 예언자의 정신을 따르는 사람들이 대대로 가르멜산에서 은거하며 살아오다가 12세기에 이르러 구체적인 수도 공동체로 나타났다. 그 계기는 이때 팔레스티나 성지 회복을 위한 그리스도교와 이슬람 세력 간 십자군전쟁이 벌어지는데 십자군전쟁에 나선 경건한 신자 중 일부가 가르멜산에 남아 은수 공동체를 형성한 것이다. 그들은 성모님을 특별히 공경하며 어머니요, 보호자로 모시고 하느님 말씀을 밤낮으로 묵상하며 살아갔다. 그리고 13세기 초 예루살렘 총대주교였던 알베르토 성인에게 엄격한 수도 규칙을 받아 가난과 극기와 고행을 하며 오로지 하느님만을 바라보고 침묵과 고독 속에서 관상 생활을 하였다.

이후 십자군 운동이 실패하고 이슬람 세력이 팔레스티나를

■ 이스라엘 가르멜 산에 있는 엘리아 예언자 동상

재점령하자 가르멜 수도회는 이슬람 세력을 피해 유럽으로 옮겨갔다. 더불어 수도회 방향성도 당시 유럽 환경에 맞게 기본적인 은수적 생활을 고수하되, 사도직 활동을 겸하는 탁발수도회로 변모되어 1247년 교황 인노첸시오 4세로부터 수도회 회칙이 인준되었다.

14세기 유럽을 휩쓴 흑사병(1348~1349년)과 교황권 분열(1378년)로 수도회들이 큰 타격을 받았다. 그 여파로 가르멜 수도회 역시 내외적으로 큰 어려움에 봉착하였고, 이에 따라 기존의 엄격한 회칙을 완화하기에 이르렀다. 1432년 가르멜 수도회는 교황 에우제니오 4세로부터 완화 회칙을 승인받았다. 그 회칙의 주요 골자는 봉쇄구역 엄수 완화, 사순절과 대림 시기 이외 일주일에 네 번의 육식 허용, 재를 지키는 기간 단축 등이다.

데레사 성녀가 가르멜 수도회에 입회한 16세기는 가르멜 완화 회칙이 적용되던 시기이다. 더불어 1517년 루터의 종교개혁으로 그리스도교가 분열의 소용돌이 속에 빠진 때였다. 또 신대륙 발견의 시대로 다수의 사람이 하느님을 모르고 방치된 채 죽어가고 있다는 소식을 접하던 시대였다. 이러한 시대적 상황에서 무너져 가는 성교회를 재건하기 위해 성녀는 수도자로서 복음삼덕의 엄격한 준수와 기도와 희생으로 대변되는 쇄신과 개혁이 필요함을 깊이 공감하고 있었고, 가르멜 수도회 개혁과 혁신운동을 펼쳐나가게 된 것이다.

　가르멜의 두 개혁 성인은 초기 가르멜산 은수자들의 생활과 정신을 본받기를 원했다. 데레사 성녀는 가르멜 수도자들이 창설 당시와 같은 엄격한 청빈의 정신으로 무장하고, 침묵과 고독 안에서 끊임없는 관상과 기도로 주님을 위로해 드리며, 교회를 위한 봉사에 바쳐지기를 원했다.

　교회가 수많은 풍파에도 불구하고 2,000년을 지탱해 올 수 있었던 이유는 매 시대 성인이 출현하여 그리스도의 정배(淨配)인 교회를 쇄신하고 개혁해 나갔기 때문이리라. 또한 교회를 쇄신해 가기 위해 그리스도의 정배로서 자기 자신의 정체성을 확고히 하였기 때문이다.

십자가의 성요한 수도원

우리는 세고비아 알카사르 언덕 사잇길로 걸어 내려와 세고비아 외곽에 있는 십자가의 성요한이 세운 수도원으로 갔다. 시간상 십자가의 성요한 은둔소까지는 방문하지 못하고 은둔소 아래 위치한 수도원 성당만 방문하였다. 이곳 수도원은 십자가의 성요한이 그라나다 수도원장으로 있는 동안 그의 노력으로 1586년 설립되었고, 2년 후에는 그가 이 수도원 원장으로 부임하였다.

성인이 이곳에서 지내는 동안 상당히 활동적인 생활을 했다고 전해진다. 당시 총장이 부재중이어서 총장 대리로서 행정상의 많은 문제를 해결했다고 한다. 총장 대리 임무를 마쳤을 때 성인에게 신대륙에 가서 선교하라는 명령이 내려졌다. 멕시코로 떠나려고 대기하던 중 지병이 심각해져 우베다로 가서 요양하였으나 1591년 12월 14일 그곳에서 숨을 거두었다. 1593년 십자

J.   M.
Aqui estuvo depositado el cuerpo
incorrupto de S. Juan de la Cruz
hasta su beatificacion en 1675
L. D. V. M.

■ 십자가의 성요한 수도원 성당 전면(위).
수도원 성당 내부에 성인이 1675년 복자품에
오르기 전까지 묻혔던 장소(아래)

가의 성요한으로부터 영적 지도를 받던 페냘로사의 안나 부인이 수도원 재가를 얻어 성인의 유해를 세고비아 수도원으로 모셔 왔다. 우리 일행은 십자가의 성요한이 모셔진 무덤 경당으로 가서 함께 참배드렸다.

십자가의 성요한의 일생에서 가장 중요한 사건은 데레사 성녀와의 만남이다. 두 성인의 최초 만남은 1567년 메디나 델 캄포에서 있었다. 이때 십자가의 성요한은 새 사제로 서품을 받고 첫 미사를 봉헌하러 처음 가르멜에 입회했던 실질적인 고향과도 같은 메디나 델 캄포에 갔고, 대 데레사 성녀는 두 번째 개혁 가르멜 수녀원을 창립하러 그곳에 와 있었다. 이러한 섭리 덕분에 성녀는 십자가의 성요한 첫 미사에 참석할 수 있었다. 성녀가 미사에 참석하여 십자가의 성요한을 보는 순간, 그가 비록 25세밖에 되지 않은 새 사제였지만 하느님의 사랑에 불타는 인물임을 감지했다고 한다(당시 데레사 성녀의 나이는 십자가의 성요한 나이의 두 배인 52세였다).

데레사 성녀는 "개혁 수녀원을 창립하게 되면 같은 회칙을 지키는 남자 개혁 수도회도 필요하다고 생각"(창립사 2,5)하던 중이었다. 개혁 가르멜 수녀들의 관상적이고 사도적인 소명을 보호하고 그 정신을 진작시키려면 남자 수도자들이 필요하기 때문이다. 당시 십자가의 성요한은 서품을 받고 보다 엄격한 수도 생활을 위해 카르투시안 수도회로 옮겨가려던 중이었다. 이러한 상황을 확인한 성녀는 당신이 진행하고 있는 개혁운동에 십자가의 성요한이 동참하도록 초대하였다. 이에 성인은 자신의 계획을 변경하며 성녀 데레사와 함께 가르멜을 개혁하기로 결심하였다. 이와 같이 가르멜의 두 성인은 하느님의 섭리 안에서 가장 중요한 개혁운동의 협력자요, 가장 가까운 영적 동반자가 되었다.

우리 일행이 십자가의 성요한 무덤을 참배하고 성당 밖으로 나왔을 때 성인이 직접 쓰고 친필로 서명한 글귀가 수도원 담벼락에 붙어 있었다.

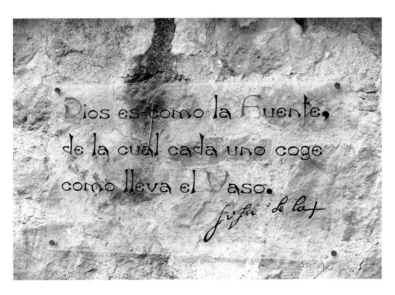

■ (스페인어로 쓰여진) 이 글귀는 ("하느님은 샘물 같은 분이시기에 우리 각자의
그릇대로 하느님을 담을 수 있다"는 내용으로) 우리 인간은 하느님의
현존을 담아야 하는 존재, 즉 하느님과 일치해야 하는 존재임을 드러내 준다.

이 글귀는 우리 인간은 하느님의 현존을 담아야 하는 존재, 즉 하느님과 일치해야 하는 존재임을 드러내 준다. 그리고 인간이 하느님의 현존을 의미하는 샘물을 담기 위해서는 어떻게 해야 하는 지를 암시하고 있다. 바로 하느님의 샘물을 우리 영혼의 그릇으로 온전히 담아낼 수 있도록 우리 영혼을 확장해 가는 것이 필요하다. 이러한 여정을 영성 신학적 용어로 '영혼의 정화'라고 한다. 우리는 무한하신 하느님을 담기 위해 영혼의 그릇을 넓혀 가는 정화가 필요하다. 영혼의 정화가 필요한 또다른 이유는 하느님과 일치를 이루기 위해서다.

십자가의 성요한은 자신의 저서 《가르멜의 산길》에서 다음의 함축적인 비유로 우리 영혼을 묶는 어떤 애착도 가져서는 안 됨을 드러냈다.

"여기 한 마리 새가 묶여 있다 하자. 가늘거나 굵거나 간에 묶은 줄이 끊어지지 않아 새가 날지 못한다면, 줄이 가늘다 해도 굵은 줄에 묶인 것이나 마찬가지일 것이다. … 이와 같이 어느 것에 집착을 끊지 않는 영혼은 비록 덕이 많다 할지라도 하느님과의 합일의 자유에 도달하지는 못한다."(《가르멜의 산길》1권 11,4)

"새가 두꺼운 밧줄에 묶여 있건, 가느다란 실에 묶여 있건 날지 못하는 것은 마찬가지"라는 비유적 표현이 마음 깊이 와닿는

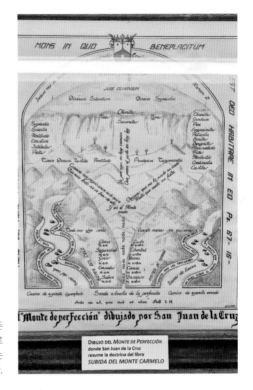

■ 십자가의 성요한이 직접 만든
'완덕의 산' 그림으로
하느님과의 일치로 나아가는
원리를 표현하고 있다.

다. 이것은 하느님과의 합일에 도달하기 위해 애착을 벗어 버려야 함을 상징적으로 표현하는 말이다.

성인은 또한 모든 애착에서 벗어나도록 다음과 같은 유명한 '나다(Nada) - 토도(Todo)'라는 수덕과 완덕의 원리를 제시하고 있다. Todo는 '모든 것'을 의미하고, Nada는 '아무것도 아니다'라는 스페인어다.

"모든 것을 맛보기에 다다르려면, 아무것도 맛보려 하지 말라.

모든 것을 얻기에 다다르려면, 아무것도 얻으려 하지 말라.

모든 것이 되기에 다다르려면, 아무것도 되려고 하지 말라.

모든 것을 알기에 다다르려면, 아무것도 알려고 하지 말라."

《가르멜의 산길》1권 13,11)

　성인은 'Nada － Todo'의 대구(對句)를 사용하여 하느님과 일치에 이르기 위해 영혼은 그 어떤 것에도 애착을 가져서는 안 됨을 드러내고 있다. 그리고 이러한 애착을 떨쳐 버리는 수덕의 과정은 "영혼에게 욕을 끊어 버리는 것으로, 영혼이 마치 빛이 없는 어두운 밤"《가르멜의 산길》1권 3,1)을 걷는 것과 같다고 말한

■ 세고비아 가르멜 수도원 성당 제단 전면에 '어두운 밤'을 상징하는 제단화

■ 십자가의 성요한 은둔소. 은둔소 옆 사진 중앙에 고사한 앙상한 나무(↓)가
성인이 직접 심은 나무이다.

다. 그러나 **영혼이 빛을 잃음은 단순한 상실이 아닌 영혼이 정화
되는 과정이다. 이 정화의 '어두운 밤'은 어둠 속에 갇혀 있는 것
이 아닌, 어둠에서 새벽으로 이행하는 '어두운 밤'이라는 점에서
성인은 죄 속에서 겪는 '어두운 밤'과는 차원이 다르다고 보았다.**
이것은 마치 환자가 약을 복용했을 때 치유되고 있는 표징으로 '명
현 반응'이 나타나듯이, '어두운 밤' 역시 동트기 직전의 가장 깊은
어둠으로, 영혼이 치유되고 정화되는 어둠인 것이다. 이러한 정화
의 '어두운 밤'을 거쳐 영혼은 '모든 것'이며 전부이신 하느님과
의 일치에 이르게 된다.

우리 일행은 수도원 성당 앞에서 언덕 위에 위치한 십자가의

성요한 은둔소를 바라보았다. 은둔소 옆에 성인이 직접 심었다고 전해지는 앙상한 나무 한 그루가 보였다. 모든 것을 벗어 버리고 오로지 하느님께만 마음을 두어야 한다는 성인의 가르침을 보여주는 듯했다. 또한 십자가를 통해서 부활의 영광으로 들어갈 수 있다는 예수님의 가르침을 상징하는 것 같기도 했다.

아빌라에서 만난 성녀 데레사

세고비아에서 점심을 먹고 데레사 성녀의 고향 아빌라로 향했다. 세고비아에서 아빌라까지 전용 버스로 한 시간 남짓 소요되었다.

아빌라에 가까워졌을 때 우리 앞에 영화 속에서나 봄 직한 중세시대 성곽이 나타났다. 아빌라의 성곽은 로마시대 때 처음 건설되었고, 11세기 말 국토회복운동으로 이슬람 세력으로부터 수복한 이 도시를 지키기 위해 견고한 성벽을 재건했다고 한다. 이 성곽은 스페인에 남아 있는 여러 성곽 중 가장 잘 보존되어 있으며, 유네스코 세계문화유산으로 지정되었다. 사실 아빌라가 더욱 돋보이는 이유는 교회를 대표하는 신비가이자 개혁가이신 아빌라의 성녀 데레사가 이곳에서 태어나 자랐고, 수녀원에 입회하고 활동한 교회의 영적 유산이 스며 있는 곳이기 때문

■ 아빌라의 성곽

일 것이다.

　성녀는 1515년 3월 28일 유대교에서 그리스도교로 개종한, 신
심이 두터운 귀족 집안에서 태어났다. 어린 시절부터 순교자들
의 전기를 읽으며 자신도 순교자가 되겠다고 결심했으며, 한 번
은 그 결심을 실천하기 위해 오빠와 함께 이슬람 마을로 가겠다
며 가출을 시도하다 숙부에게 붙잡혀 다시 집으로 돌아오기도
했다. 어머니를 여읜 12세 때는 성모상 앞에 무릎 꿇고 엎드려
돌아가신 어머니를 대신하여 성모님께서 자신의 어머니가 되어
달라고 간청하기도 했다. 이러한 일화에서 보듯이 성녀는 어린

시절부터 신심이 남달랐다.

성녀가 세속적인 삶에 빠져들까 염려한 성녀의 아버지는 성녀를 아우구스티노 수녀원에 위탁하여 교육을 시켰다. 그러나 성녀는 중병에 걸려 집으로 돌아왔고, 요양 중 성 예로니모가 쓴 서간을 읽고 크게 감동하여 수녀원에 들어갈 결심을 하게 된다. 그리하여 1535년 20세의 나이에 아빌라 성 밖에 위치한 가르멜 수도회 소속 강생 수녀원에 입회하였고, 2년 후 첫 서원을 하였다.

성녀는 수도서원을 한 지 얼마 되지 않아 환경 변화와 수도 생활에서 오는 긴장으로 알 수 없는 병에 걸렸고, 치료를 위해 잠시 수녀원을 나와 살라망카 인근에 머물렀다. 이때 당대의 대표적 영성가 중 한 사람인 오수나 신부의 《제삼 기도 초보》라는 책

■ 데레사 성녀 회심에 직접적인
　발단이 된 예수 수난 성상

을 만났다. 이 책은 당시 새로운 영성 운동 가운데 하나인 '거듭 기도' 방법에 대해 소개한 영성 교과서로, 성녀는 이 책을 보면서 보다 깊은 기도 생활에 몰입하게 되었다. 자신의 자서전에서 "저는 제 안에 계시는 우리의 보화이시요, 주님이신 예수 그리스도를 제 안에 현존시키려 애를 썼습니다."(자서전 4,7)라고 기술한 것처럼, 성녀는 우리 영혼 깊은 곳에 이미 살고 계시는 예수님을 알고, 사랑하고, 전하는 것이 가장 힘써야 할 신앙생활의 규범이라고 여겼다.

성녀는 그리스도의 일생을 묵상하는 것에 마음을 쏟다가 **1554년 사순절에 수녀원에서 사순절 예식에 사용하기 위해 구해 놓은 상처투성이 예수님을 묘사한 '엑체 호모(Ecce Homo: 이 사람을 보라!)' 성상을 보고 가슴 밑바닥부터 솟아오르는 전율과 함께 영혼이 송두리째 무너지는 체험을 하게 된다.** 이때 성녀는 예수님의 수난과 고통을 통해 헤아릴 길 없는 예수님의 사랑을 깨달았다. 또한 그동안 예수님의 사랑에 보답하기보다 그분을 잊은 채 배은망덕으로 살아온 과거의 모습을 통회하며 그 성상 발밑에 엎드려 하염없는 회심의 눈물을 흘렸다. 이렇게 성녀는 하느님의 사랑 안으로 초대되었고, 이러한 체험 덕분에 수도자로서의 삶에 철저히 투신하게 되었다.

우리 일행은 지정된 주차구역에서 하차한 후 여행객들을 위한 에스컬레이터를 타고 동쪽 성문으로 올라갔다. 그리고 성벽을 따라 성녀가 첫 번째로 창립한 개혁 수도회인 성요셉 수녀원으로 향했다. 촌음을 아끼려고 서둘러 개방 시간인 오후 3시에 도착했는데도 문이 굳게 닫혀 있었다. 가이드가 관리소로 전화하자 조금만 기다리라는 연락이 왔다. 아마도 일반 사람들은 이곳을 자주 방문하지는 않는 듯했다. 하지만 이곳은 신비가였던 데레사 성녀가 기존의 수도 생활 분위기를 쇄신하고 당시 위기에 처한 교회에 힘을 불어넣고자, 또 개신교 종교 개혁자들에 맞서

■ 데레사 성녀가 기도 중에 성모님과 성요셉을 본 현시를 그린 성화

가톨릭 신앙을 수호하려는 사제들을 위해 도움이 되고자 첫 번째 사도직 활동을 펼쳤던 중요한 장소이다.

성요셉 수녀원 관리인은 우리가 그곳에 도착한 지 15분쯤 지나서 왔다. 그리고 처음으로 수녀원을 시작했던 경당 문을 열어주었다. 현재 그곳은 전시관으로 사용되고 있으며, 성녀가 사

당시 성녀의 개혁 수도원 창립 과정은 순탄치 않았다. 성녀가 직접 쓴《자서전: 천주 자비의 글》32~36장에서 이 과정에 대한 대략적인 이야기를 전해 들을 수 있다. 성녀는 가르멜 관구장 신부에게 창립을 청원했지만 거절당했다. 그는 오히려 성녀가 문제를 일으킬 것을 염려하여 성녀를 톨레도에 있는 귀족 부인 댁으로 보냈다. 이러한 와중에 성녀는 아빌라 교구장 주교에게 수녀원 창립을 청했다. 교구장도 처음에는 반대하였으나 이런저런 이유로 창립을 허가하게 되었다.

그러나 성녀는 가르멜 직속 장상이 아닌 교구장의 허락을 받고 수녀원을 설립하는 것에 대해 수도자로서 순명을 지키지 않았다는 생각이 일어나 양심의 가책을 느꼈다. 이에 성녀는 고해성사를 보고 기도에 깊이 빠져들었다. 그리고 그때 성모님과 성요셉이 나타나는 현시체험을 했다. 그분들은 하얀 망토와 금으로 된 십자가 목걸이를 걸어주며 성녀를 위로하였고, 그대로 일을 추진하라고 말씀하셨다. 이에 용기를 얻은 성녀는 1562년 8월 24일 성 바르톨로메오 사도 축일에 4명의 지원자와 함께 성요셉 수녀원 창립 미사를 봉헌함으로써 새로운 수도원이 창립될 수 있었다.

■ 아빌라에 있는 성요셉
수녀원. 정면이 기념성당이고
왼쪽 문이 전시관 입구이다.

용했던 북과 성녀의 일생과 관련된 그림들이 전시되어 있었다.

특이한 점은 성녀가 당시 함께 사는 수녀님들이 우울증에 빠지지 않도록 노래도 작곡하고, 연주도 했다는 것이다. 요즘으로 치면 음악 치료와 비슷한 것을 수행한 것이다. **신비가로서의 성녀는 하느님과의 관계를 중시하여 기도에만 집중하도록 함께 사는 수녀님들을 지도했을 것이라 여겼는데, 심리적이고 정서적 차원도 고려하면서 인격의 성숙과 성장을 돕는 역할도 하신 듯 보였다.** 인간을 통합적으로 바라보시고 치유와 돌봄을 통한 성

■ 데레사 성녀가 연주했던 악기들

장, 그리고 하느님의 구원으로 나아갈 수 있도록 안내한 것이다.

　성요셉 수녀원 전시관을 돌아본 후 그 옆에 세워진 기념성당으로 갔다. 성당 정면 중앙에 성요셉이 아기 예수님의 손을 붙잡고 안내하는 석상이 있었다. 석상 조각가는 성녀가 어려움에 처했을 때 성녀를 인도했던 성요셉을 기리며, 그곳이 성요셉 수녀원이라는 의미를 담아 제작한 것 같았다. 우리는 성당 안으로 들

■ 성요셉 수녀원 기념성당 정면에
성요셉과 아기 예수 석상

어가 잠깐 묵상하는 시간을 가졌다.

　성녀가 활동하던 시절은 오늘날과 달리 가부장적 요소가 강했고 여성의 활동이 많이 제약받던 때였다. 이러한 어려움을 뚫고 당시 느슨했던 수도 생활을 개혁하고 위기에 처한 교회를 구하려 나섰던 성녀의 불타는 정열과 실행력은 어디서 비롯되었을까 생각해 보았다. 성녀는 그리스도를 통하여 하느님께 받은 무한한 사랑을 깨닫고 그 사랑에 최적의 응답을 드리기 위해 매 순간 하느님께서 원하시는 바를 찾아 나섰기 때문이리라.

하느님과의 일치

우리 일행은 성요셉 수녀원에서 나와 성녀 데레사의 생가 성당으로 향했다. 두 장소 간 거리가 그리 멀지 않아 도보로 이동했다. 성곽 길은 주변 경관을 내려다볼 수 있는 최상의 산책길이었다. 구름이 살짝 끼었지만 미세먼지나 바람이 없는 쾌청한 날씨 덕분에 기분 또한 절로 상쾌했다.

성녀의 책 중에 《영혼의 성》이라는 작품이 있는데 '성'이라는 명칭이 붙은 이유가 쉽게 이해가 갔다. 이 작품에서 성녀는 우리 영혼을 하나의 성에 비유하셨다. 아빌라의 성을 바라보며 살았던 성녀에게 '성'은 영성 생활을 설명해 주는 가장 자연스러운 상징이었을 것이다.

20여 분쯤 걸어 생가 성당에 도착했다. 성당 안으로 들어가려 했지만 안타깝게도 문이 닫혀 입장할 수는 없었다. 우리는 아쉬

■ 아빌라의 성곽 길

■ 데레사 성녀의 생가 성당(좌)과 생가 성당 앞에 설치된 데레사 성녀 청동상 옆에 앉은 필자(우)

움을 달래며 생가 성당 앞 광장에 설치된 성녀상을 배경으로 사진을 찍고, 성녀가 입회했던 강생 수녀원으로 향했다.

강생 수녀원은 성 밖 아랫마을에 위치하고 있어서 우리가 타고 온 전용 버스로 이동했다. 버스에서 내려 큰길가에 있는 강생 수녀원에 도착했을 때 수녀원 앞에 설치된, 지팡이를 짚고 길 떠나는 성녀상이 우리를 맞이해 주었다. 이 수녀원은 여전히 봉쇄 수녀원으로 사용하고 있지만 입구 왼쪽 수녀원 일부는 박물관으로 꾸며 순례객에게 개방되었다.

우리는 성녀가 생활했던 과거 생활공간으로 안내되었다. 그곳

■ 성녀가 입회했던 강생 수녀원

■ 성녀가 생활했던 조그마한 방

에는 성녀가 사용하던 작은 방과 당시 수녀님들이 사용했던 용
품, 제구들이 전시되어 있었다. 성녀의 생가 규모를 알 수 있었
는데, 성녀가 생활하던 수녀원 방은 얼마나 비좁고 소박하던지!
성녀는 안락하고 편안한 삶이 주는 세속의 만족을 버리고 하느
님께서 주시는 영원한 생명을 소유하기 위해, 마태복음(13,44)의
밭에 묻힌 보물의 비유처럼 자신의 모든 것을 팔아 보화가 묻혀
있는 밭을 산 것이다.

성녀는 20세의 나이에 강생 수녀원에 입회하여 1562년까지
27년간 살다가, 성요셉 수녀원을 창립하여 9년간 그곳에 가서

살았다. 그리고 1571~1974년까지 3년간 강생 수녀원장으로 임명되어 다시 강생 수녀원으로 되돌아갔다. 강생 수녀원의 질서를 잡고 쇄신하라는 당시 교황청 사도 순시관의 명에 따라 강생 수녀원장으로 복귀한 것이다.

가르멜 수도회는 유서 깊은 수도회였으나 성녀가 입회하던 당시에는 지나치게 개방되어 수도 생활과 어울리지 않을 정도로 이완되어 있었다고 한다. 이러한 강생 수녀원에 개혁운동을 주도하고 있던 성녀가 부임한다고 할 때 강생 수녀원 소속 수녀님들 사이에서 반대 목소리가 많았다. 이러한 분위기를 느끼고 있던 성녀는 취임식 때 원장석에 자신이 앉지 않고 당시 수녀원에 모셔져 있던 '지혜의 성모상'을 대신 그곳에 모시면서, "이분이 바로 우리 원장이시다."라고 말씀하셨다고 한다. 이렇게 성녀가 자신의 카리스마가 아닌 성모님의 정신으로 수도 생활을 이끌겠다고 하자 그곳 수녀님들이 성녀를 비로소 원장으로 받아들였다. 지혜의 성모님께서 성녀에게 지혜를 선물하신 듯하다. 수녀원 2층에 지금도 그 '지혜의 성모님'이 모셔져 있다고 해서 그곳을 바라보았지만 잘 보이지는 않았다.

성녀가 수녀원장 직무를 수행하면서 첫 번째로 실행한 중요한 일은 십자가의 성요한을 수녀원의 영적 지도신부로 초대한 일이다. **성녀는 수도 생활을 쇄신하는 첫걸음은 무엇보다 영성 생활에 대한 지혜와 지식을 통해 모범을 보일 수 있는 사제가 필요하다고 느낀 것이다.** 십자가의 성요한은 성녀의 초대에 응해서 5년간 미

■ 십자가의 성요한이 강생 수녀원에서 고해성사를 집전할 때 앉았던 의자(좌)와 고해소(우)

사 봉헌과 고해성사를 통해 강생 수녀원 수녀님들의 영적 생활을 돌보아 주었다. 두 성인은 가끔 면회실에서 만나 영적 담화를 나눌 때 종종 함께 탈혼 상태에 들어가곤 했다.

성녀는 영성 생활의 최고봉이라고 할 수 있는 하느님과의 신비적인 합일의 상태인 '영적 약혼'과 '영적 결혼'의 은총을 강생 수녀원에 있을 때 받았다.

'영적 약혼'의 은총은 1556년의 일로, 성녀가 성령 송가를 바치던 중에 일어났는데 첫 번째 탈혼 체험과 예수님의 신비로운 말씀을 듣는 은혜였다. 성녀의 자서전에 그때의 체험을 다음과 같이 기술하고 있다.

"나는 그러는 동안에 갑작스러운 황홀에 빠져, 말하자면 나 자신 밖으로 끌려 나오고 말았습니다. 이 황홀은 너무도 뚜렷해서 나는 조금도 의심을 품을 여지가 없었습니다. 이것은 주님께서 내게 베푸신 첫 번째 황홀입니다. 나는 다음 말씀을 들었습니다. '나는 이제 네가 사람들과 이야기하는 걸 원치 않는다. 오직 천사들과 이야기하여라.'"(자서전 24,5)

■ 데레사 성녀와 십자가의 성요한이 영적 담화 중에 탈혼 상태에 들어간 것을 주제로 그린 성화

■ 데레사 성녀의 첫 번째 탈혼과
'영적 약혼'의 은혜를 받는
장면의 성화

　이때부터 성녀는 정서적으로 안정됐으며, 이를 바탕으로 영성
생활에서 큰 걸음을 걷게 된다. 성녀의 영적 체험에서 이 신비적
인 황홀 체험은 '결정적 회심'으로 불린다.

　'영적 결혼'의 은총은 1572년 11월 18일 성녀가 다시 강생 수
녀원장으로 돌아온 후에 일어났는데 이것은 인간이 이 지상에
서 하느님과의 온전한 합일에 도달하는 마지막 단계의 은총이
었다. 옛 수녀원 2층으로 올라가는 계단에 아기 예수님과 성녀
의 모습을 재현해 놓은 밀랍이 있는데 이것에 대한 가이드의 설
명은 이렇다.

■ 데레사 성녀가 아기 예수님과의
만남을 밀납으로 재현한 모습

　강생 수녀원에 돌아온 성녀가 기도를 마치고 2층 원장실로 가
려 할 때 그곳에 못 보던 아이가 서 있었다. 성녀가 "너는 누구
냐?"고 묻자 아이가 "나에게 묻는 당신은 누구십니까?"라고 되
물었다. 이에 성녀가 "나는 예수의 데레사다."라고 대답하자, 그
아이가 "나는 데레사의 예수다."라고 말하며 홀연히 사라졌다.

　이것은 성녀가 온전히 '예수 그리스도와 일치'에 도달했음을
보여주는 현시체험이었다. "이제 내가 사는 것이 아니라, 그리스
도가 내 안에 산다."는 바오로 사도의 고백처럼 성녀는 그리스
도 안에서 자신의 정체성을 확고히 하게 된 것이다. **성녀의 마음**

안에는 예수님으로 가득 차 있었기에 어떤 사건이나 일들을 사사로이 생각하지 않고, 그리스도의 마음으로 보고 응대하여 어려운 상황에서도 길을 잃지 않고 자신의 소명을 수행할 수 있는 완덕의 경지에 이른 것이다.

수녀원 밖으로 나오니 마당 한가운데 돌십자상이 있었다. 그 십자상을 중심으로 '7궁방'이라는 표석이 있었는데 이것은 성녀

■ 강생 수녀원 마당에 그려진 '7궁방'의 표석

가 집필한 《영혼의 성》 작품을 형상화한 것이다. 성녀는 인간의 영혼을 '성'으로 설명하면서 그 성의 바깥부터 안쪽으로 나아가는 길을 1궁방에서 7궁방으로 표시한 것이다. 하느님을 만나기 위해 성안으로 점점 깊이 파고 들어가는 내적 여정이다. 마지막 7궁방은 하느님이 현존해 계신 방이자 하느님과 인간 사이에 완전한 일치가 이뤄지는 방이다. 1~3궁방은 혼자 노력으로 다다를 수 있지만 4~7궁방은 하느님의 부르심이 있어야 가능하며, 그러기 위해서는 자신을 온전히 하느님에게 맡겨야 한다는 메시지를 전한다.

성녀의 작품 《영혼의 성》에서 제시한 7궁방은 바로 '완덕의 길'로 초대된 그리스도인의 영적 여정을 보여주고 있다. 제2차 바티칸 공의회에서도 우리 모두가 성덕으로 곧 성인이 되도록 불리움 받았음을 분명히 가르치고 있다. **그 부르심은 우리가 세례를 받는 순간부터 우리 각자에게 부여된 것으로 그리스도와의 인격적 관계가 무르익어 마침내 성삼의 하느님께서 온전히 우리 안에 내주하는 것으로 완성된다. 우리 인간이 전능하시고 무한하신 하느님을 품을 수 있도록 창조되었다니, 이 얼마나 가슴 벅차고 뿌듯한 일인가!**

십자가를 새기다

우리는 아빌라에서 80여km 떨어진 알바데토르메스로 향했다. 이곳은 데레사 성녀가 생의 마지막 순간을 보내고 임종하신 가르멜 수도원이 있는 곳이다. 아빌라에서 시간이 지체돼 우리는 급히 서둘러야만 했다. 더군다나 가는 도중 농민 시위대를 만나 시간이 더 지체될 뻔했으나 성녀께서 도와주신 덕분인지 다행히 그곳을 빨리 벗어날 수 있었다. 예정 시간보다 너무 늦지는 않게 알바데토르메스에 도착했고 버스에서 내리자마자 서둘러 수도원 박물관 매표소로 갔다. 사전에 예약은 했지만 입장 마감 시간이 조금 지나 있었다. 다행히 박물관의 배려로 무사히 입장할 수 있었다.

알바데토르메스 가르멜 수녀원은 성녀 데레사가 창립한 17개

■ 알바데토르메스 수도원 박물관 입구

수녀원 중 여덟 번째 수도원이다. 이 수녀원이 창립된 경위는 후
원자 데레사 부인의 특별한 환시체험 덕분이었다.

  아이가 없는 부인은 성안드레아에게 아이를 주십사 은총을 청
했다. 어느 날 데레사 부인이 기도하면서 상념에 잠겨 있을 때
환시 체험을 하게 된다. 그 환시에서 데레사 부인은 어느 집 정
원에 있었는데 그 뜰은 푸른 풀밭으로 덮여 있었고 우물이 있었
으며 그 우물가에 성안드레아가 있었다. 그리고 성안드레아로부
터 이런 말을 듣게 된다. "그대가 그토록 원하던 것과는 다른 아
이가 여기 있다." 환시에서 깨어난 데레사 부인은 그것이 곧 수
녀원을 설립하라는 주님의 계시로 알아듣고 그때부터 아이를

갖게 해 달라고 청하는 대신 수녀원 창립에 매진하기 시작했다.

　그러던 중 그녀는 살라망카에서 알바데토르메스로 이사 왔는데 새로 이사 온 집이 자신이 환시에서 보았던 그 집과 너무나도 똑같았다. 이러한 섭리적 광경을 목도한 부인은 바로 그 집에 수녀원을 세우기로 결심하였고, 그렇게 그녀의 집에 개혁 가르멜 수녀원이 세워졌다(창립사 20장 참조).

　우리는 박물관 측의 특별 배려로 이미 문이 닫혀 있었던, 성녀의 임종 모습을 재현한 수방에 들어갈 수 있었다. 박물관 안쪽으

■ 데레사 성녀의 임종의 모습을 재현한 수방

로 나 있는 협소한 복도를 따라 들어가야 했기에 차례로 줄을 서서 그곳에 들어갔다. 성녀의 임종 모습을 보면서 우리는 각자 기도를 바쳤다.

알바데토르메스 수녀원에서 성녀가 임종하게 된 연유는, 부르고스에서 17번째 수녀원을 창립하고 아빌라로 귀향하던 중 알바데토르메스에 살았던 한 귀족 부인의 요청 때문이었다. 성녀는 귀족 부인에게서 전갈을 받았는데 자기 며느리가 해산이 임박했으니 와서 해산하는 며느리에게 용기를 북돋아 주기를 청하는 내용이 담겨 있었다. 성녀는 여독으로 건강이 좋지 않은 상황이었지만 그 공작 부부에게 신세를 져 왔던 터라 청을 뿌리치지 못하고 알바데토르메스로 가게 되었다. 그러나 목적지에 거의 도착할 즈음 며느리가 해산을 잘 마쳤으니 굳이 올 필요 없다는 공작 부인의 전갈이 다시 전해졌다.

성녀 일행은 이미 많이 지친 상태여서 아빌라로 돌아가기보다 가까운 가르멜 수도회가 있는 알바데토르메스 수녀원에서 머물기로 했다. 그러나 성녀는 그동안 너무나 과로한 탓에 기력이 완전히 쇠해 자리에 눕고 말았다. 그러고는 다시 일어나지 못했다. 마지막 영성체를 모신 후 성녀는 다음과 같이 기도하였다.

"오 나의 신랑이여, 나의 구세주여! 내가 그토록 고대하던 시간이 왔습니다. 제가 떠날 때가 왔습니다. 가셔요! 그때가 왔습니다."(실베리오 신부, 데레사 전집)

■ 알바데토르메스 가르멜 수녀원에 모셔진 데레사 성녀의 심장(위)과 오른팔(아래)

1582년 10월 4일 새벽 성녀는 육신의 장막을 뚫고 영원한 정배이신 그리스도 품에 안겼다. 우리는 성녀의 임종을 재현한 수방을 나와 성녀의 심장과 오른팔이 모셔져 있는 수녀원 박물관 중앙으로 올라갔다. 성녀의 유해 앞에는 조배할 수 있도록 자리가 마련되어 있었다. 우리는 금일 순례하며 들었던 성녀의 일생을 떠올리며 각자 묵상 시간을 가졌다.

성녀는 당신이 직접 창립한 성요셉 수녀원과 원장으로 부임했던 강생 수녀원에서 봉쇄 생활을 하며 관상 기도에만 침잠하며 살지 않았다. 예수님의 제자들이 복음을 전하러 각 지역으로 흩어져 떠난 것처럼 성녀 역시 스페인 전역을 누비며 17군데에 개혁 가르멜 수녀원을 창립하였다.

당시 여성의 신분으로 드넓은 스페인 지역을 누비면서 곳곳에 수도원을 세우는 일은 아무리 출중한 사람이라 할지라도 감히 흉내 낼 수 없는 일이었다. 오늘날처럼 잘 포장된 길이 아닌 비포장도로와 돌길을 덜컹거리는 마차나 나귀를 타고 동가식서가숙하며 개혁 수도원을 세우러 다니는 일은 그 자체로 엄두가 나지 않는 일이다. 더군다나 이 일을 반대하는 사람들의 표적이 되어 긴장의 끈을 놓지 않고 수많은 견제와 박해를 견뎌내야 하는 상황이었다.

성녀는 자신의 일생에 부과된 십자가를 어떻게 감당해 나갈 수 있었을까? 외부로부터 오는 갈등과 시련, 해결해야 할 딜레마 상황을 마주한다면 우리는 쉽게 마음의 상처를 입고 자책하거나 문

■ 길 떠나는 모습의
데레사 성녀 동상

제 해결의 순간을 외면하고 도망쳐 버릴 때가 많다.

이런저런 생각을 하며 침잠하고 있을 때, 사후 성녀의 성무일
도서 안에 끼워져 발견된 성녀가 직접 쓴 '시'가 생각났다. 이 '시'
안에 시련과 갈등, 고통의 순간을 감당해 낼 수 있는 성녀의 지혜
가 담겨 있다. 우리나라에서도 한 수녀님께서 이 시에 곡을 붙여
애창되고 있는데 이 노래가 필자의 마음에 공명이 되어 흘렀다.

아무것도 너를 혼란케 하지 못하게 하고
아무것도 너를 슬프게 하지 말지니

모든 것은 다 지나가고

하느님만이 불변하나니

모든 것을 인내로써 이겨내야 한다.

하느님을 소유한 사람은

아무런 부족함이 없고

하느님만으로 충분하다.

성녀가 감당해야 할 모든 십자가에 무너지거나 부서지지 않고 이겨낼 수 있었던 이유는 바로 성녀가 하느님을 소유한 사람, 하느님으로 만족한 사람이기에 가능했다. 이번 순롓길에 우리도 하느님을 소유한 사람, 하느님만으로 만족한 사람이 되기를 기원하며 묵상을 마쳤다.

박물관 기념품 가게로 내려와 둘러보는데 마침 성녀가 친필로 쓰고 사인한 〈아무것도 너를〉 시가 포스터로 제작돼 판매되고 있어, 표구하여 사람들에게 선물할 요량으로 몇 장 샀다.

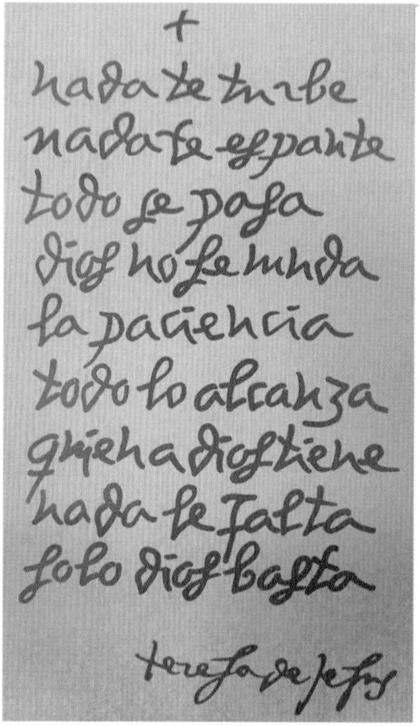

■ 데레사 성녀가 직접 쓴
〈아무것도 너를〉 시

■ 차창으로 바라본 토르메스 강가에 비친 노을. 데레사 성녀는 알바데토르메스 수녀원
2층 방에 머물 때, 아름다운 토르메스 강을 즐겨 바라보셨다고 한다.

데레사 성녀 임종지 순례를 마치고 숙소가 있는 살라망카로
향했다. 가는 길에 마주한 저녁노을이 우리를 위로해 주는 듯했
다. 토르메스 강가에 비친 노을이 너무나 찬란하고 아름다웠다.
붉은빛으로 물든 강가를 보며 우리 마음도 예수님의 사랑으로
물들기를 기원했다.

세 성인의 도시(1): 살라망카

우리는 새벽 6시에 호텔 한 공간에서 아침 미사를 봉헌했다. 금일 복음은 루카복음 5장 27-32절로 예수님께서 세리 레위를 부르시고 그의 집에서 다른 세리들과 식사하는 장면을 묵상하였다. 당시 율법을 가르치는 랍비가 율법을 지키지 못하는 세리나 죄인들과 어울려 식사하는 것은 해서는 안 될 일이었다. 그런데 당시 랍비로 여겨지는 예수님께서 세리들과 식사하시는 모습을 보자 바리사이들은 분개하였다. 이때 예수님께서는 다음과 같이 지혜롭게 응대한다.

"건강한 이들에게는 의사가 필요하지 않으나, 병든 이들에게는 필요하다."

이러한 예수님의 촌철살인 한마디는 율법을 지키지 못한 사람을 단죄의 시선에 사로잡혀 대하는 것이 잘못되었다고 가르치신다. **예수님께서도 세리들을 바이사이들처럼 의인이라고 인정하지 않는다. 다만 건강하지 못한 이들이라 여긴다. 그러나 건강하지 못한 사람에 대해 대응하는 태도가 다르다.** 예수님은 죄인들이 건강하지 못하기에 도움이 필요한 대상이라고 여기는 반면 율법학자나 바리사이들은 단죄와 차별의 시선으로 대한다.

오늘날에도 여전히 성별, 종교, 인종, 경제 수준, 지역, 학력 등이 다르다는 이유만으로 행해지는 차별의 시선이 곳곳에 존재한다. 상대방의 필요 앞에서 나 자신이 겪을 불편함만을 벗어나려고 하는 마음으로 장벽을 세우기보다는, 그 필요에 적절한 응답으로 대응하는 예수님의 모습이 얼마나 품위 있고 아름다운 사랑의 모습인가!

아침 식사 후 도보로 살라망카 시내를 순례하였다. 살라망카는 공교롭게도 성이냐시오, 아빌라의 성녀 데레사, 십자가의 성요한, 이 세 성인이 모두 거쳐 간 곳이다. 우리는 전용 버스를 토르메스 강가 주차장에 세우고 우선 이냐시오 성인과 깊이 연관된 산 에스테반(San Esteban) 성당으로 갔다. 스페인에선 아침 9시가 조금 이른 시간이어서 성당 문이 닫혀 있었다. 필자는 성당 앞에서 산 에스테반 성당에서 이냐시오 성인이 겪은 일화를 소개하였다.

이냐시오 성인이 만레사 동굴에서 8개월간 극기하면서 기도에 전념하고 있을 때 예루살렘 성지에 갈 수 있는 교황 허가서

■ 살라망카 산 에스테반 성당 전경

가 발부되었다. 당시 예루살렘 성지는 이슬람 세력의 수중에 있었고, 예수님에 관한 성지들만 프란치스코회 수사들이 관리하고 있었다. 성인은 프란치스코회 관구장에게 성지에 머물 수 있게 해달라고 청했지만 당시 성지에 머무는 것은 위험한 상황이어서 성지 책임자로부터 불허 통보를 받았다. 성인은 예루살렘에 머물면서 영혼들을 돕는 일에 헌신하고자 했다. 그러나 그것이 하느님의 뜻이 아님을 깨달은 성인은 무엇을 해야 할지 고민하다 영혼들을 도우려면 우선 얼마간 공부를 하는 것이 필요하다고 생각하여 바르셀로나로 돌아가기로 했다.

1524년 바르셀로나로 돌아온 성인은 2년간 그곳에서 라틴어를 익힌 후 신학 공부를 위해 알칼라로 왔다. 알칼라에서 1년 반을 공부할 때 영신수련을 지도하고 교리를 가르쳤는데, 의혹의 눈으로 바라보는 사람들이 당시 종교재판소에 성인을 제소했다. 성인은 판결 전까지 42일간 알칼라에서 감옥 생활을 한 뒤 종교 재판관으로부터 "신학 과정을 졸업하지 않은 상태에서 신앙 문제에 관해 가르쳐서는 안 된다."는 판결을 받고 풀려났다(자서전 62항). 성인은 알칼라에서 신학 공부를 지속하는 것이 어렵다고 판단하고 바야돌리드 대주교의 도움으로 살라망카대학교에서 수학을 이어가기로 했다.

1527년 살라망카로 온 성인은 산 에스테반 성당의 도미니코회 수사신부를 찾아가 고해성사를 받았다. 그리고 도착한 지 얼마 되지 않아 고해 사제로부터 "수도원 신부들이 이야기를 나누고 싶어 하니 주일에 이곳에 와서 식사하자."는 초대를 받게 된다. 그러나 그 초대받은 식사에서 대화를 나누다 "배움도 없는 사람이 덕행과 악행을 논한다"는 이유로 도미니코회 교회 재판관들에게 의혹을 샀고, 조사를 받기 위해 산 에스테반 성당에 있는 도미니코 수도회 한 공간에 구금되었다. 투옥 22일 만에 종교 재판소에 출두한 결과, 성인의 생활과 가르침에 대해서는 전혀 오류가 없으나 죄에 대하여 가르치는 것은 신학 과정을 마친 후에 하라는 판결을 받고 감옥에서 석방되었다.(자서전 70항)

이냐시오 성인은 만레사 동굴에서 하느님에 대한 수많은 은총 체험을 하였고, 그 체험을 영신수련 지도를 통해 다른 사람들과

■ 1526년 이냐시오 성인이 알칼라에서 수학할 때 무고로 구속 상태였는데,
이때 사람들이 찾아와 성인께서 영신수련을 지도하는 모습

나누고 싶어 했다. 성인은 틈틈이 자신의 생각을 말하며, 특히 가난한 사람과 어린이들에게 설교하고 교리를 가르쳤다. 또한 철저한 고행도 병행하였다. 이러한 성인의 모습은 많은 사람의 관심과 주목을 받게 되었으며, 당시 스페인 종교재판소의 경계 대상이던 계몽주의파 이단이라는 혐의가 씌워지기도 했다. 그러나 성인은 당신에 대한 사람들의 몰이해나 박해를 조금도 원망하거나 거기에 위축되지 않고 초연하게 받아들었다. 이러한 태도는 살라망카 감옥에 있을 때 성인을 위로차 방문한 한 부인과의 대화에서도 잘 드러난다.

> "옥에 갇히는 일이 부인에게는 그처럼 나쁜 일로 보입니까? 그렇지만 살라망카에 제아무리 쇠창살과 쇠사슬이 많다고 해도 하느님 사랑 때문에 무엇이고 감수하겠다는 제 소망을 꺾지는 못할 것입니다." (자서전 69항)

살라망카에서 겪었던 성인의 삶을 성찰하면서 예수님의 진복팔단의 말씀이 생각났다. "사람들이 나 때문에 너희를 박해하며, 너희를 거슬러 거짓으로 온갖 사악한 말을 하면 너희는 행복하다!" 바로 하느님을 사랑하기 때문에 겪는 억울함이나 박해는 용기를 잃고 슬퍼해야 할 일이 아니라 오히려 "앞으로 하늘나라에서 받을 상이 크기에 기뻐하고 즐거워해야 할 일"(마태 5,11-12)이라는 것이다. 그리스도 때문에 모해를 당하고 박해받을 때 오

■ 1527년 살라망카에서 도미니코 수도회의 초대를 받아 그곳에 머무는 수사들과 교리에 대해 토론을 벌였다. 성인은 이 일이 화근이 되어 수도회 한 공간에 구금되었다.

히려 굳건히 대응하며 용기를 잃지 않는 태도를 취하는 것이 결코 쉽지 않겠지만, 그리스도에 대한 사랑이 충만하다면 가능할 것이다.

우리는 온갖 시련에도 당당하고 초연했던 성인의 믿음을 가슴에 품고, 성당 앞에서 기념 촬영을 한 뒤 살라망카 중심에 위치한 중앙광장으로 올라갔다.

세 성인의 도시 (2): 살라망카

우리는 살라망카의 중심지인 중앙광장(Plaza Major)에 도착했다. 살라망카의 중앙광장은 스페인에서 가장 아름다운 광장 중하나로 손꼽히고 있다. 이 넓은 광장은 조성 당시부터 살라망카사람들의 생활의 중심이 돼 왔기 때문에 '살라망카의 거실'이라는 애칭을 가지고 있다.

광장에 있는 건물 하나하나가 뛰어난 건축미를 자랑하고 있다. 특히 북쪽 면에는 화려하고 아름다운 시청사를 비롯해 옛날귀족의 호화로운 저택들이 광장 주변을 조화롭게 둘러싸고 있다. 그리고 시청사에 있는 광장 시계탑은 현지인이나 관광객에게 만남의 장소로 인기가 높다. "모든 길은 로마로 통한다."는 말처럼 살라망카의 모든 길은 중앙광장으로 집중돼 있어 중앙광장을 통해야 목적지에 쉽게 도착할 수 있다.

■ 살라망카의 중심지인 중앙광장

　살라망카의 아침 공기는 다른 도시보다 차갑고 쌀쌀했다. 우리는 차가운 기운을 녹일 겸 따스한 햇볕이 살포시 내리쬐는 중앙광장 노천카페에서 커피 한 잔씩을 마셨다. 유럽에 올 때마다 부러운 것 중 하나가 여유로운 광장 문화다. 우리는 오가는 사람과 비둘기, 그리고 청아한 하늘과 건물을 바라보며 광장 문화의 여유와 낭만에 젖어 보는 시간을 잠깐 가졌다.

　커피를 마신 후 데레사 성녀가 일곱 번째로 창립한 살라망카 가르멜 수녀원으로 갔다. 그곳은 중앙광장에서 도보로 3분 거리에 있었다. 현재 '데레사의 집'으로 불리고 있는 이곳은 가르멜 수녀님들은 살지 않고, '성요셉의 종 수녀회'에서 인수해 분원으

■ 살라망카 중앙광장 노천카페

로 사용하고 있다(현재 살라망카 가르멜 수녀원은 살라망카 외곽에 있는 '카브레리소스'라는 조그마한 마을로 이전했다). 우리는 살라망카 가르멜 수녀원 창립 장소인 '데레사의 집' 앞에서 성녀가 이곳에 수녀원에 세울 때 겪었던 어려움들을 잠시 되새겼다.

성녀는 1570년 초겨울에 살라망카에 도착하여 수녀원 건물로 생각하고 구입했던 이곳 '데레사 집'에 입주하고자 했다. 하지만 그 건물에서 하숙 중이던 학생들이 "우리는 돈이 없어서 갈 데가 없다."며 한사코 집을 비우지 않아 어려움이 생겼다고 한다. 이때 성녀 일행을 돕기 위해 동반했던 한 은인의 도움으로 불평하는 학생들을 간신히 내보낼 수 있었다고 한다.(창립사 19,2)

학생들이 떠난 뒤 성녀와 동행하신 수녀님, 이렇게 두 분만 새로 입주한 건물에서 첫 밤을 보내게 되었다. 이때 동행 수녀님은 혹시 낮에 내보낸 학생들이 해코지하기 위해 어디에 숨어 있지는 않은지, 또 그날은 위령의 날이라 곳곳이 음산한 분위기를 연출하고 있던 터에 혹 귀신이 나오는 것은 아닌지… 이런저런 걱정을 하며 무서움을 떨치지 못하고 있었다. 이때 성녀가 "무엇을 두리번거리며 살피는 겁니까? 여기엔 아무도 들어오지 않습니다."라며 걱정하지 말라고 했으나 "데레사 어머니, 제가 여기서 갑자기 죽으면 우리 데레사 어머니 혼자서 어떡해요?"라는 동행

■ 살라망카의 가르멜 수녀원 창립장소인 데레사의 집

수녀님의 말에 성녀 또한 두려움을 갖게 됐다고 한다.

이때 성녀는 사모(師母)로서 두려운 마음을 최대한 억제하며 다음과 같이 말했다고 한다. "자매, 그건 그때 가서 생각하고 지금은 일단 잠이나 잡시다." 이러한 살라망카 수녀원의 창립 일화는 성녀의 위트를 엿볼 수 있으면서도 수녀원을 창립하면서 성녀가 겪은 소소한 어려움들이 얼마나 복잡다단했을지 느껴진다.(창립사 19장 참조)

우리는 '데레사의 집'을 배경으로 기념사진을 찍고 십자가의

■ 1218년 세워진 살라망카대학교. 살라망카는 아직도 중세 대학도시의 위엄을 간직하고 있다.

성요한이 공부했던 살라망카대학교로 향했다. 살라망카대학교는 1218년 세워져 지난 2018년 개교 800주년을 맞이한 스페인 최초의 대학교다. 파리대학교, 볼로냐대학교, 옥스퍼드대학교 다음으로 유럽에서는 네 번째로 세워진 유서 깊은 대학교이기도 하다. 이 대학교는 알폰소 10세 때 이르러 학문적으로 상당히 번창해서 유럽 각국에서 유학을 올 정도였다고 한다. 특히 교회법과 시민법은 오늘날까지 그 권위를 자랑하고 있다.

1486년 콜럼버스가 서인도로 가는 항로를 개척하겠다며 이탈리아와 포르투갈의 가톨릭 왕들에게 청원을 넣자 살라망카대학교 지리학자와 신학자들로 구성된 공의회가 이곳 대학교에서 열려 토론과 심사를 받게 되었다. 하지만 공의회 결과는 '부결'이었고, 이에 낙담하던 콜럼버스는 도미니코 수도회의 도움으로 이사벨 여왕을 만나게 되었다.

당시 이사벨 여왕은 영토 확장과 가톨릭 전파를 목적으로, 결혼할 때 가져온 개인 패물까지 팔아서 콜럼버스를 지원하였다고 한다. 콜럼버스는 이사벨 여왕의 후원으로 마침내 1492년 8월 새로운 항로 개척을 위한 항해에 나섰고, 그 결과 신대륙을 발견하였다. 당시 우리나라는 조선 건국 초기였는데 스페인은 대학교를 세워 지성인을 양성하고 학문을 꽃피워 신대륙을 발견했다고 하니 그들의 학문 숭상과 모험 정신이야말로 새로운 시대를 열어 가는 동력이 아닐 수 없다.

십자가의 성요한이 살던 16세기 살라망카대학교는 신학으로도 위용을 떨쳤다. 트렌토 공의회(1545~1563년) 참석자 가운데 66명의 박사가 살라망카에서 와서 당시 공의회에 지대한 영향을 미쳤다. 십자가의 성요한은 1564~1568년 이곳 살라망카대학교에서 철학과 신학을 공부했으며, 학업을 마치기 1년 전인 1567년 여름 이곳에서 사제 서품을 받았다.

성인이 처음 이곳에 왔을 때는 아주 진지하고 과묵하며 고행만 아는 외골수였다고 한다. 그러나 대학 생활을 하면서 지적인 면에서도 두각을 나타냈을 뿐 아니라 성격적인 면에서도 몰라볼 정도로 변했다고 한다. 요컨대 쾌활하고 동료들과 스스럼없이 어울릴 줄 아는 다정다감함과 인간미 넘치는 사람으로 변해 갔다. 성인은 살라망카에서의 대학 생활을 통해 지덕체를 겸비한 인격 성숙의 기회를 얻게 된 것이다. **후에 성인이 집필한 《가르멜의 산길》, 《어둔 밤》, 《영혼의 노래》, 《사랑의 산 불꽃》 등의 작품은 대학 시절 배운 성경과 신학과 철학적 지식을 바탕으로 성인의 영적 체험을 기술한 대작이다. 성인의 이러한 학적인 지식 덕분에 영성의 영역을 학문의 영역으로 탐구할 수 있는 기틀을 마련하였다.**

우리는 살라망카대학교 본관 정문 앞 광장으로 가서 가이드의 설명을 들었다. 화려하게 치장된 정문 파사드 중심에는 스페인 왕국을 통일한 아라곤의 페르난도 2세와 카스티야의 이사벨 1

세 부부상과 문장이 새겨져 있었다.

그러나 이 파사드에서 가장 유명한 것은 조각된 해골 중 하나의 꼭대기에 얹혀 있는 개구리이다. 이 개구리를 찾아낼 만큼 날카로운 눈을 지닌 사람에게는 행운이 온다고 하여 이 학교 신입생에게 전통적으로 행해지는 통과 의식은 바로 정면 벽에서 개구리 한 마리를 찾아내는 것이라 한다. 우리도 가이드의 설명에

■ 살라망카대학교 본관 정문 파사드 - 중앙에 가톨릭 국왕 부부상이
새겨져 있고, 찾기 어려운 개구리 조각상이 있다.

따라 행운을 주는 개구리를 찾아보려고 했지만 쉽지 않았다. 크기도 매우 작은 데다가 세월의 풍파를 겪은 까닭에 그 모양 또한 명료하지 않았다. 파사드 앞에서 개구리 기념품을 파는 상인이 레이저 포인터로 개구리 있는 곳을 가리켰을 때 비로소 찾을 수 있었다.

파사드의 개구리를 찾아낼 수 있는 관찰력과 집중력을 가진 사람이라면 개구리를 찾아서가 아니라 그의 능력 덕분에 행운이 주어질 것 같다.

인간의 존엄을 지키는 방법

+

우리는 살라망카를 출발하여 바야돌리드에서 점심을 먹고 스페
인 북부 바스크 지방으로 향했다. 다음 날 돌아볼 중요한 순례지
인, 이냐시오 성인이 태어난 로욜라가 바스크에 있기 때문이다.
금일 숙박지는 로욜라에서 그리 멀지 않은 아란사수에 있었다.

우리 버스는 아란사수로 가는 도중에 있는 몬드라곤 소도시에
잠깐 들르기로 했다. 몬드라곤은 세계적으로 유명한 사회적 협
동조합이 탄생한 곳으로 협동조합 운동을 하는 사람들의 성지
로 알려진 곳이다.

스페인 몬드라곤 협동조합 공동체가 유명해진 이유는 2007~
2008년 세계 금융위기가 강타했을 때 이 협동조합은 잘 대처하여
무너지지 않았을 뿐 아니라, 8만 명이나 되는 협동조합식 기업으

■ 몬드라곤 시내 전경

로 구성된 몬드라곤 공동체에서 해고된 사람이 단 한 명도 없었다
고 한다. 스페인 국내에서도 수많은 기업이 도산하고 구조조정
으로 대량실업이 발생할 때 이곳이 어떻게 해고 사태에서 비켜
갈 수 있었는지가 많은 경제 전문가들의 관심사였다. 자본주의
경제 시스템은 경기변동으로 말미암아 주기적으로 기업 구조조
정이 불가피하고 실업이 발생하는 것이 일반적인데 이러한 자본
주의 경제 시스템의 단점을 보완하는 측면에서 이 공동체가 하
나의 모델이 되기도 했다.

　몬드라곤 협동조합은 호세 마리아 아리스멘디아리에타
(1915~1976년) 신부님께서 창설하셨다. 호세 신부님께서 몬드
라곤 지역 본당신부로 발령받았을 때 협동조합 운동을 하러 오
신 것은 아니었다. 1941년 부임 당시 스페인 북부 바스크 지방

은 스페인 내전(1936~1939년)으로 피폐해진 상태였다. 내전의 상흔은 건물만 파괴시킨 것이 아니라 인간 존엄성까지도 훼손시켰다. 몬드라곤 본당에 부임한 호세 신부님은 '어떻게 하면 다시 경제를 부흥시킬까?'가 아닌, '어떻게 하면 인간존엄성을 회복하고 지켜나갈 수 있을까?'를 고민하면서 시대의 암울함에 대처하였다.

호세 신부님은 이를 위해 인간존엄성을 수호하고 재생하기 위한 세 가지 방책을 추진하셨다고 한다. 첫 번째는 교육, 두 번째는 일자리 창출, 세 번째는 공동체성 회복이었다. 신부님께서는

■ 몬드라곤 협동조합의 창설자 호세 마리아 아리스멘디아리에타 신부님.
신부님은 3살 때 사고로 왼쪽 눈을 실명하여 늘 검정 선글라스를 끼고 다녔다.

■ 호세 신부님이 생전에 쓰던
책상과 타자기, 성경책과 시계.
신부님께서는 협력자들에게
하느님 말씀을 토대로
시대의 변화에 적응해나갈 것을
당부하셨다고 한다.

인간존엄성 수호 프로젝트에 나선 것이다. 여기서 말하는 교육
은 단순히 직업교육만 의미하는 것이 아니다. 신부님은 대학을
설립하여 직업교육과 더불어 '신앙교육'과 '공동체성 교육'을 강
조하였다고 한다. 인간은 누구인지, 우리는 왜, 무엇을 위해 살아
야 하는지, 서로의 존엄성을 지켜주기 위해서는 어떤 형태로 살
아야 하는지, 그리고 우리는 왜 공동체성을 유지해야 하는지 등
등 인문교양 교육과 신앙교육의 필요함을 역설하셨다.

　이러한 신부님의 생각은 우리 사회에도 시사하는 바가 크다.

오늘날 많은 사람들이 삶을 포기하고 세상을 등지려고 하거나 목숨을 내던지는 상황이 벌어지고 있다. 필자는 이 현상에 대해 균형 잡힌 교육의 부재에 중요 원인이 있다고 생각한다.

현재 진행되는 직업 중심의 기능 교육은 AI(인공지능) 시대를 맞이하여 큰 위기를 맞고 있다. 직업의 기능적인 부분은 이제 AI 로 대체되어 갈 것이다. 그리고 AI 시대가 진척되어 감에 따라 직업군 재편이 이루어지게 되는데, 많은 사람이 이러한 격변의 시대에 적응하지 못한 채 외변으로 튕겨져 나갈 것이다. 이를 극복하기 위해서는 '무엇을 어떻게 해야 하는지?'가 아니라 '무엇을, 왜 해야 하는지?', 즉 의미를 깨닫게 하는 영성 교육이 필요하다. 이러한 **격변의 시기에 살아남기 위한 몸부림이 점점 치열해지**

■ 협동조합의 형태로 운영되는 몬드라곤에 있는 한 슈퍼마켓을 둘러보는 필자

■ 몬드라곤 대학교 앞에서 기념사진 촬영

는 가운데 적응하지 못하고 떨어져 나가는 사람이 증가하고, 사회
에서 그들 스스로가 다시 자립하기는 매우 힘들다. 따라서 서로가
서로의 존엄을 지켜주기 위해 상생해 나가는 교육과, 서로의 울타
리가 될 수 있는 공동체 구축이 절실히 필요한 시대다.

호세 신부님이 펼치신 협동조합 형태의 공동체 구축은 인간
의 존엄성을 지켜가는 데 큰 교훈을 주고 있다. 현재 8만 명에 이
르는 몬드라곤 협동조합 회원들은 주인의식을 가지고 일한다고

한다. 바로 회원들 자신이 협동조합 형태로 운영되는 회사의 출자자이자 그곳에서 일하는 노동자이기 때문이다. 그리고 협동조합 형태의 여러 회사들이 호세 신부님께서 강조하신, 서로의 존엄성을 지켜주기 위한 연합체로 연결되어 있기에 어려움에 처할 때 서로를 도와주기 쉬운 형태라고 한다. 설령 협동조합 협의체의 한 회사가 부도난다고 해도 그 협의체의 다른 회사에 취업할 수 있도록 도울 수 있는 구조로 연결된 덕분이다.

우리는 몬드라곤에서 오래 지체할 수는 없었다. 그리고 우리

■ 몬드라곤에서 아란사수로 가는 험준한 산(좌)과 길(우)

가 도착한 날이 휴일이라 협동조합 본부 또한 방문할 수 없었다. 신부님의 정신을 가르치는 몬드라곤대학교 앞에서 호세 신부님의 삶을 생각하며 기념 촬영을 하는 것으로 만족해야 했다.

몬드라곤도 강원도 정선처럼 산으로 둘러싸인 곳이었지만 우리의 목적지 아란사수로 가는 길은 더욱 험준하고, 도로 옆은 낭떠러지가 계속되는 위험한 곳이었다. 도중에 우리 일행 한 분이 몬드라곤 소도시와 우리나라 카지노가 있는 정선이 비교된다고 하였다. 두 곳 모두 농사지을 터가 부족한 산으로 둘러싸인 곳이지만 현재는 모두 번화한 곳이다. 그러나 한 곳은 카지노가 들어서서 번화해졌고, 다른 한 곳은 서로 상생하는 건강한 협동조합 기업들이 들어서서 번화해졌다. 한 곳은 인간을 피폐하게 만들고, 다른 한 곳은 건강한 삶의 문화를 꽃피우고 있다.

무엇이 이런 차이를 만들어 냈을까? 한 일행분은 바로 한 신부님의 신앙과 헌신이 이러한 차이를 만들어 냈다고 말씀하시며, 앞으로 몬드라곤 사회적 협동조합에 대해 더 공부해야겠다는 의지를 표명하셨다.

아란사수 성모 성지

해가 지고 어둑해질 무렵 아란사수 성모 성지에 도착했다. 성지 주차장에 버스를 세워두고 200m쯤 떨어진 숙소로 캐리어를 끌고 갔다. 숙소는 아란사수 성모상이 모셔진 대성당 옆에 세워진 건물이었다.

체크인을 하고 안내받은 저녁 식사 시간까지 잠시 여유가 생겨서 아란사수 성모님께 인사드릴 겸 대성당으로 성체조배 하러 갔다. 대성당은 늦은 시간인데도 마침 열려 있었다. 이냐시오 성인 시대에는 이곳이 지금처럼 큰 성당이 아니라 조그마한 경당이었다. 그리고 그 경당에 아란사수 성모상이 모셔져 있었다.

전승에 따르면 이 성모상은 어느 목동이 발견했다고 한다. 그 목동은 이 지역에서 양 떼와 소 떼를 돌보고 있었는데, 하루는 가축의 요령 소리가 유난히 크게 울려서 가 보니 산사나무 군락

185

지의 한 나뭇가지 위에 성모상이 놓여 있었다고 한다. 목동이 성모상을 보고 놀라서 '아란사수(Aranzazu)'라고 말했는데 그 외침이 이곳 지명이 되었다고 한다. '아란사수'란 바스크어로 "당신이 나뭇가지 위에 계시다니요?"라는 의미라고 한다. 이후 목동이 발견한 아란사수 성모상을 모시기 위한 경당을 지었고, 이어서 크게 증축한 성당을 지었다. 하지만 성당은 화재로 세 번이나 소실되었다고 한다.

현재의 대성당은 1959년 완공되었는데 바스크 지방 예술가

■ 제대 전면에 모셔진 아란사수 성모상(좌)과
발견 당시를 표상화하여 산사나무 조각상 위에 성모상을 모셨다.(우)

들이 설계와 내외부 장식에 참여했다고 한다. 밖에 있는 종탑은
돌로 장식되었는데, 그 모양이 뾰족하다. 이것은 성모상이 발견
된 산사나무 가시를 상징하여 뾰족하게 만들었다고 한다. 대성
당 제대 전면 중앙에는 성모상이 모셔져 있는데 처음 성모상이
발견될 때의 모습을 재현하여 나뭇가지 위에 있는 성모님을 형
상화하였다. 처음 성모 경당이 지어졌을 때부터 현재 바스크 지
역의 성모 성심 중심지가 되기까지 순례자들이 끊이지 않는다고
한다. 그리고 지금도 바스크 지방 사람들이 3~10월 정해진 순번
대로 이곳에 순례를 온다고 한다.

아란사수 성모 성지는 이냐시오 성인의 자서전에도 소개된 곳이며, 이곳에서 밤샘 기도를 했다고 전해진다.

"이냐시오 성인은 나귀 등에 올라 순례의 길을 출발했다. 여행 도중에 오냐테까지 배웅하러 나온 형을 설득하여 아란사수(Aranzazu)의 성모 경당에서 함께 철야 기도를 했다. 그날 밤 성인은 자기 여행길에 새 힘을 달라고 기도드렸다."(자서전 13항)

■ 순례의 길을 떠나는 이냐시오 성인

성인은 전쟁에 나가 부상하고 대수술과 회복기를 거쳐 건강을 회복한 뒤 외로운 순례자의 길을 택했다. 그리고 순례의 길을 떠나면서 성모님께 힘을 달라고 이곳에 와서 밤샘 기도를 했다. 자신이 태어나고 회복기를 보낸 생가를 떠나기로 결심했을 때 형제들에게 떠난다는 것을 미리 알리지 않았다. 형제들은 성인이 집을 떠난다는 사실을 갑자기 알았을 때, 성인을 설득하기 위해 아란사수까지 따라온 것으로 보인다.

형제들은 아란사수까지 동행하면서 사랑하는 동생을 얼마나 설득했겠는가? "네가 도대체 뭐가 부족해서…", "앞으로 귀족 신분과 가족의 지원하에 출셋길이 열려 있는데 뭐 하러 사서 고생하느냐?" 등등. 그들은 동생의 확고한 결심을 확인하고 그 뜻을 존중했지만 언제든 집으로 되돌아오기만을 바랐을 것이다.

성인은 밤을 새워 성모님께 자신을 봉헌하며 순렛길에 지치지 않는 힘을 달라고 기도했다. 더불어 자신을 지극히 사랑하는 형제들을 성모님께서 보살펴 주시도록 기도했을 것이다.

필자도 이냐시오 성인처럼 막내로 태어나 형제들의 관심과 사랑을 많이 받았다. 필자가 신학교에 간다고 할 때, 특히 큰형님께서 우려를 표명하셨다. 군대도 다녀오고 대학교도 마쳤으니 앞으로 취직하고 결혼하여 안정된 생활을 할 수 있는 조건을 다 갖추었는데, 어려운 길을 선택하는 동생을 못내 아쉬워하셨다. 그때 큰형님께 필자가 왜 사제의 길을 선택했는지, 그동안 주님의 부르심과 성소 식별의 여정에 대해 장문의 편지를 써서 보내 드렸다. 이후 형님께서는 필자의 굳건한 태도를 확인하시고 더 이상 설득하려고 하지 않으셨다. 그리고 지금까지 묵묵히 사제 생활을 잘할 수 있도록 기도로써 지지해 주고 계신다. 막내에 대한 형들의 사랑은 예나 지금이나 비슷하다는 생각이 들었다.

우리는 저녁 식사를 마치고 밖으로 나와 삼삼오오 산책하였

■ 아란사수 성지에 별이 떠 있는 밤 풍경 모습

지역에 위치해 있다.

우리는 성지 주차장에서 내려 성인 생가 옆에 있는 성이냐시 대성당으로 갔다. 이곳에 들어서자 성당 중앙 제대 뒤편에 세 진 이냐시오 성인의 청동 조각상이 시야에 들어왔다. 성인의 들린 책에는 '하느님의 보다 큰 영광을 위하여(Ad Majorem Gloriam)'라는 글귀가 선명하게 새겨져 있었다. 이 글귀는 이 오 성인이 깨달은 삶의 핵심 모토다. 성인은 참된 삶의 방향 잃고 방황하다가 회심 체험 후 자신이 무엇을 위해 살아야

■ 로욜라에 있는 성이냐시오 대성당 전면

다. 우리가 있는 성지는 해발 900m에 이르는 고산지대이고 계 곡과 산으로 둘러싸여 있는 곳이다. 공기가 조금은 쌀쌀했지만 청아함이 감돌았다. 어떤 소음이나 차 소리도 들리지 않는 적막 함과 쏟아질 듯한 밤하늘의 별들이 도시민이 된 우리에게는 다 소 낯설게 느껴졌다. 차츰 어둠 속에 잦아들자 빛나는 별들이 우 리를 마중하고 환대하고 있었다.

오늘날 우리는 문명의 불빛 아래, 하늘에 있는 별이 보이지 않 는 '별 볼 일 없는 세상'을 살아가고 있다. 별은 늘 그곳에서 우리 를 비추고 있지만 우리는 별이 보내는 대자연의 빛을 가린 인공의 빛에 익숙해져 점차 별의 의미를 잃어가고, 나아가 삶의 의미마저 잃어가고 있다. 하지만 별을 보는 지금 이 순간만큼은 꿈 많았던 어린아이의 동심으로 돌아가 왠지 모를 기쁨이 일렁였다. 어릴 적 냇가에서 별을 헤아리며 북두칠성을 찾곤 했는데, 그 북두칠 성이 우리 앞에 나타났다. 얼마 만에 다시 만난 북두칠성이던가!

별은 보는 것 자체로 우리를 충만하게, 그리고 의미 있게 만드 는 치유의 속성을 지니고 있다. 우리에게 찾아와 준 다정한 별들 을 마주하며, 우리는 한참 동안 낭만을 벗 삼아 이야기를 나누다 잠자리에 들었다.

로욜라의 성: 두 번의 탄생

+

이른 새벽에 필자는 잠자리에서 일어나 주변 산책을 나갔다. 지난밤 별을 보던 곳과 반대 방향으로 가 보니 산등성이로 향하는 등산로가 있었다. 이냐시오 성인이 생가에서 이 길을 따라 이곳 아란사수로 넘어오지 않았을까 상상하면서 등산로를 따라 올라갔다. 마침 등산하러 산에 오르는 사람에게 이냐시오 성인 생가가 있는 로욜라 방향이 어디냐고 물었더니 필자의 예측대로 산등성이 쪽을 가리켰다.

동이 터 어둠이 사라지자 우리가 머물렀던 숙소와 성지가 온전히 드러났다. 심산유곡의 낭떠러지 절벽에 우리 숙소와 대성당이 위치해 있었다. 우리 숙소는 아마도 대성당을 관리하는 수도회 일부 건물을 호텔로 개조한 듯했다. 등산로를 따라 피어 있는 꽃들이 환하게 미소 짓고, 새들이 반갑게 지저귀며 아침 인사

성이냐시오 생가로 넘어가는 길(좌), 아란

를 나누고 있었다. 참 평화롭고 아름ㄷ
주는 위로와 생명력이 순례 중에 쌓ㅇ
소시켜 주었다.

조식 후 우리 일행은 서둘러 아ㄹ
피크인 이냐시오 성인 회심 경당ㅇ
었다. 아란사수 성지가 주는 느낌ㅇ
이 '하루만 더 이곳에 머무르면
란사수에서 로욜라까지는 1시ㄷ
스페인으로부터 분리독립 운동
에 있다. 그리고 이냐시오 생ㄱ

■ 성이냐시오 대성당 제대 정면(좌)과 제대 정면에 위치한 성이냐시오 청동상(우)

하는지 깨달았다.

대성당에 앉아 조배를 드리고 나서 가이드에게 성인의 생애에 대한 설명을 들었다. 그 내용을 들어 보니 아마도 한국 예수회 어느 신부님께서 순례객들을 위해 정리해 놓은 내용인 듯했다.

성인은 1491년 13남매 중 막내로 탄생했다. 어머니는 어렸을 때, 그리고 아버지는 성인의 나이 16세 때 돌아가셨다. 성인의 가

문은 스페인 북부의 조용한 소도시에서 생활했지만 외부 세계와 단절된 채 살았던 것은 아니다. 성인의 아버지는 카스티야 왕국과 연결된 지방 영주였다. 형제 중에는 신대륙을 발견한 콜럼버스의 두 번째 항해에 합류한 분도 있고, 군인으로서 전쟁에 참가했다가 전사하신 분도 있다.

성인의 아버지는 성인이 15세 때 카스티야 왕국 재무관 집에 보내 궁정에서 일할 소양을 기르도록 했다. 성인은 청소년 시절부터 교회 생활에 관심을 두기보다는 세속적인 출세에 대한 야망을 키워 가고 있었다. 따라서 성인의 자서전 첫 문장은 다음과 같이 시작한다.

"스물여섯 살 때까지만 해도 그는 세상의 헛된 부귀영화를 좇는 사람이었다. 명성을 손아귀에 넣겠다는 크고 헛된 욕망을 가지고 그는 군사훈련을 즐기고 있었다."(자서전 1항)

이렇게 젊은 시절 성인은 신앙을 믿기는 했지만 신앙생활과는 동떨어진 세속의 야망을 채우기 위해 살고 있었다. 그러다 30세 되던 1521년에 나바라 공국 군인으로서 프랑스와 스페인 국경에 위치한 팜플로냐 전투에 참가한다. 이때 적의 포탄 파편이 다리를 관통하여 생가로 후송되면서 성인은 새로운 삶의 전환기를 맞이하게 된다.

■ 이냐시오 성인이 전투 중 부상당해서 생가로 이송되는 모습을 담은 청동상

우리는 성이냐시오 대성당에서 나와 바로 옆에 있는 성인의 생가, 로욜라 성으로 갔다. 로욜라 성으로 들어가는 입구에 이냐시오 성인이 부상하여 생가에 도착하는 순간을 묘사한 청동상이 있다. 이 청동상은 당시 성인의 고뇌를 엿볼 수 있게 한다. 전쟁터에서 포탄이 성인의 다리뼈를 부서뜨리는 순간 용맹한 군인으로 공훈을 세워 출세하고자 했던 성인의 꿈도 산산이 부서지게 된다. 출세를 위해 집을 떠났던 성인은 고통에 짓눌린 부상병의 모습으로 집에 돌아왔다. 청동상에 표현된 성인의 고통과 절망은 삶의 의미를 잃고 끝도 모를 나락으로 치닫는 모습이다.

부상당하여 집으로 돌아온 성인은 여러 차례의 수술을 받고 죽을 고비를 넘겼다. 으스러진 뼈를 맞추는 수술을 몇 차례 더 겪으며 끔찍한 고통을 경험해야 했지만 그 고통은 아이러니컬하게도 뒤죽박죽된 성인의 삶을 다시 추스를 수 있게 하는 동력이 되었다. 요컨대 성인에게 그 고통은 자신이 왜 이러한 삶을 살아야 하는지 질문하게 했다.

병상에 누워 회복기를 보내던 성인에게 특별한 위안이 된 것은 독서였다. 성인은 주로 기사들의 사랑을 다룬 소설을 읽었다. 어느 날 읽을 만한 마땅한 소설책이 없어 루돌프가 쓴 두 권의 책 《그리스도의 생애》와 《성인들의 열전》을 읽게 되었다. 이 책을 읽고 성인은 그전과는 다른 신묘한 체험을 하였다. 지금까지 자신만을 위해 살아왔던 성인은 아시시의 프란치스코를 비롯한 여러 위대한 성인들의 영웅적 행동을 따라, 앞으로는 오직 그리스

■ 1491년 로욜라 성 3층의 성이냐시오 탄생 장소(위)와
1521년 로욜라 성 4층의 회심 장소(아래)

도를 위한 삶을 살겠다고 결심하였다. 요컨대 성인은 그리스도에게 봉사하고자 하는 강렬한 충동을 느껴 성지 예루살렘에 가서 그리스도를 믿지 않는 이교도들에게 복음을 전하는 일에 헌신하고자 했다.

미국의 유명한 동화작가 마크 트웨인은 이렇게 말했다.

"우리 인생에서 가장 중요한 날이 둘 있다. 하나는 내가 태어난 날이요, 또 다른 날은 내가 왜 태어났는지 그 의미를 깨친 날이다."

성인은 1491년 로욜라 성에서 이 세상에 태어났고, 그로부터 30년 후 같은 장소에서 자신이 왜 이 세상에 태어났는지 그 의미를 깨달았다. 마크 트웨인이 말한 인생의 가장 중요한 두 날을 성인은 공교롭게도 같은 장소에서 맞이하게 된 것이다.

우리 각자에게도 두 날이 매우 중요하다. 내가 이 세상에 존재하게 된 생일날과 내가 이 세상에 왜 태어났는지 그 의미를 깨달아 하느님의 자녀가 되기로 결심하여 세례를 받은 날이다. 세례받은 날이 열매 맺기 위해서는 그 의미를 채우기 위해 매일매일 순례의 길로 떠나야 한다.

간 지역에 위치해 있다.

우리는 성지 주차장에서 내려 성인 생가 옆에 있는 성이냐시오 대성당으로 갔다. 이곳에 들어서자 성당 중앙 제대 뒤편에 세워진 이냐시오 성인의 청동 조각상이 시야에 들어왔다. 성인의 손에 들린 책에는 '하느님의 보다 큰 영광을 위하여(Ad Majorem Dei Gloriam)'라는 글귀가 선명하게 새겨져 있었다. 이 글귀는 이냐시오 성인이 깨달은 삶의 핵심 모토다. 성인은 참된 삶의 방향성을 잃고 방황하다가 회심 체험 후 자신이 무엇을 위해 살아야

■ 료욜라에 있는 성이냐시오 대성당 전면

■ 성이냐시오 생가로 넘어가는 길(좌), 아란사수 성지 숙소(우)

를 나누고 있었다. 참 평화롭고 아름다운 전경이었다. 대자연이 주는 위로와 생명력이 순례 중에 쌓인 피로와 고단함을 모두 해소시켜 주었다.

조식 후 우리 일행은 서둘러 아란사수를 떠났다. 이번 순례의 피크인 이냐시오 성인 회심 경당에서 미사 봉헌이 예약되어 있었다. 아란사수 성지가 주는 느낌이 좋았는지 떠날 때 많은 분들이 '하루만 더 이곳에 머무르면 좋겠다'는 아쉬움을 표했다. 아란사수에서 로욜라까지는 1시간 소요되었다. 로욜라는 지금도 스페인으로부터 분리독립 운동이 벌어지는 북서부 바스크 지방에 있다. 그리고 이냐시오 생가는 로욜라에서 풍광이 수려한 산

로욜라의 성: 두 번의 탄생

이른 새벽에 필자는 잠자리에서 일어나 주변 산책을 나갔다. 지난밤 별을 보던 곳과 반대 방향으로 가 보니 산등성이로 향하는 등산로가 있었다. 이냐시오 성인이 생가에서 이 길을 따라 이곳 아란사수로 넘어오지 않았을까 상상하면서 등산로를 따라 올라갔다. 마침 등산하러 산에 오르는 사람에게 이냐시오 성인 생가가 있는 로욜라 방향이 어디냐고 물었더니 필자의 예측대로 산등성이 쪽을 가리켰다.

동이 터 어둠이 사라지자 우리가 머물렀던 숙소와 성지가 온전히 드러났다. 심산유곡의 낭떠러지 절벽에 우리 숙소와 대성당이 위치해 있었다. 우리 숙소는 아마도 대성당을 관리하는 수도회 일부 건물을 호텔로 개조한 듯했다. 등산로를 따라 피어 있는 꽃들이 환하게 미소 짓고, 새들이 반갑게 지저귀며 아침 인사다. 우리가 있는 성지는 해발 900m에 이르는 고산지대이고 계곡과 산으로 둘러싸여 있는 곳이다. 공기가 조금은 쌀쌀했지만 청아함이 감돌았다. 어떤 소음이나 차 소리도 들리지 않는 적막함과 쏟아질 듯한 밤하늘의 별들이 도시민이 된 우리에게는 다소 낯설게 느껴졌다. 차츰 어둠 속에 잦아들자 빛나는 별들이 우리를 마중하고 환대하고 있었다.

오늘날 우리는 문명의 불빛 아래, 하늘에 있는 별이 보이지 않는 '별 볼 일 없는 세상'을 살아가고 있다. 별은 늘 그곳에서 우리를 비추고 있지만 우리는 별이 보내는 대자연의 빛을 가린 인공의 빛에 익숙해져 점차 별의 의미를 잃어가고, 나아가 삶의 의미마저 잃어가고 있다. 하지만 별을 보는 지금 이 순간만큼은 꿈 많았던 어린아이의 동심으로 돌아가 왠지 모를 기쁨이 일렁였다. 어릴 적 냇가에서 별을 헤아리며 북두칠성을 찾곤 했는데, 그 북두칠성이 우리 앞에 나타났다. 얼마 만에 다시 만난 북두칠성이던가!

별은 보는 것 자체로 우리를 충만하게, 그리고 의미 있게 만드는 치유의 속성을 지니고 있다. 우리에게 찾아와 준 다정한 별들을 마주하며, 우리는 한참 동안 낭만을 벗 삼아 이야기를 나누다 잠자리에 들었다.

우리 삶에서의 식별의 지혜

성인의 생가는 우선 외벽부터 눈길을 끈다. 전체가 단단한 돌로 지어진 데다 대포용 구멍이 뚫려 있는 아래층은 일반 집이 아니라 군사 요새로 지어진 집임을 짐작케 한다. 그리고 그 위에 올려진 2층은 아라베스크 양식의 리본 무늬로 장식된 훌륭한 대저택의 면모를 보인다. 현재 성인의 생가인 로욜라 성은 박물관으로 꾸며져 순례객들로 붐비는 장소가 되었다.

우리는 가이드를 따라 성인의 생가인 로욜라 성(城) 안으로 들어갔다. 1층에서 표를 구해 2층으로 올라가자 넓은 거실과 벽난로가 나타났다. 성인은 이곳에서 가족들과 둘러앉아 아버지로부터 집안의 내력과 가훈 등을 전수받았을 것이다. 그리고 군인이나 신대륙 탐험에 참여한 형들이 집에 왔을 때 성인은 밤새도록 그들이 체험한 세계와 모험담을 들으며 자신의 꿈을 키웠을 것이다.

3층으로 올라가면 성인 가족의 거주 공간이 나오고, 철책으로 가로막힌 가족 경당이 있다. 이 경당 제단 위에는 고딕 양식으로 된 장식장이 있고, 장식장 상단에 피에타상이 세워져 있다. 그리고 아래는 수태고지 목판화로 꾸며져 있다. 성인은 회복기를 보낼 때 이 성상 앞에서 자주 시간을 보냈다고 한다. 그리고 옆에 제의가 전시되어 있었는데 예수회 3대 총장이 되신 프란치스코 보르지아 성인이 이곳 이냐시오 성인 생가 경당에서 첫 미사를 봉헌하실 때 입은 제의라고 했다.

로욜라 성 4층은 성인이 생전에 머물던 방이 있던 곳인데 현재 '회심의 소성당'으로 모습을 바꾸어 순례객들이 왔을 때 이곳

■ 이냐시오 성인 생가의 벽난로

■ 이냐시오 성인 생가의 가족 경당(좌)과
프란치스코 보르지아 성인이 이곳 경당에서 첫 미사를 봉헌할 때 입었던 제의(우)

■ 이냐시오 성인이 수술 후 회복기를 보낸 침실을 확장하여 현재 '회심의 소성당'으로 만들었다.
오른쪽 벽에 아란사수의 성모상(←)이 걸려 있다.

에서 미사를 봉헌한다. 이 회심의 소성당은 생가 성지의 심장으로 한쪽 모퉁이에 병상에서 회복기를 지내는 성인의 모습이 있다. 성인은 한 손에 책을 들고 하늘을 바라보고 있다. 그리고 소성당 오른쪽 벽에는 아란사수의 성모상이 걸려 있다. 이 성상은 예수 그리스도를 따르고자 순례길을 떠난 성인이 아란사수의 성모 성지 경당에서 밤을 새우며 기도했던 시간을 기억하게 한다.

성인은 이 4층 방에서 독서하며 수술 후 회복기를 지냈다. 그리고 이때 영적 세계에 눈을 떴는데, 평소 읽던 소설책과《그리스도의 생애》나《성인들의 열전》을 읽고 난 후에 느껴지는 정서의 차이를 깨닫게 되었다. 이 체험에 대해 그의 자서전에서 이렇게 기술하고 있다.

"(소설책을 읽고) 세상사를 공상할 때 당장에는 매우 재미있었지만 얼마 지난 뒤 곧 싫증을 느껴 생각을 떨치고 나면 무엇인가 만족하지 못하고 황폐해진 기분을 느꼈다. 그러나 예루살렘에 가는 일, 맨발로 걷고 초근목피로 연명해 가는 성인전에서 본 고행을 모두 겪는다고 상상해 보면 위안을 느낄 뿐만 아니라 생각을 끝낸 다음에도 흡족하고 행복한 여운을 맛보는 것이었다. 그러다 차츰 그의 눈이 열리면서 그는 그 차이점에 놀랐고, 곰곰이 따져보기 시작했으며, 드디어는 앞의 공상은 씁쓸한 기분을 남기는데 다른 공상은 행복감을 준다는 사실을 경험으로 깨달아 갔다. 그는 서서히 자기를 흔드는 두 정신의 차

이를 깨닫기에 이르렀으니 하나는 악마에게서 오는 정신이고,
다른 하나는 하느님께로부터 온다는 사실이었다."(자서전 8항)

성인은 인간의 감정 영역에 영향을 미치는 것이 외부 세계에
서 오는 영향이거나 혹은 우리의 심리적 활동, 그리고 우리의 심
리 세계를 넘어선 영적인 세계에서도 영향을 미치고 있음을 깨
닫게 된 것이다. 즉 선한 영(성령)과 악한 영(악마)이 감정의 세
계에 어떻게 영향을 미치는지를 분명히 알게 된 것이다. **기쁨이
나 고독감이 우리 마음 안에 생길 때 그 감정이 외부 세계나 혹**

■ 회심의 소성당에서 미사 드릴 때 예수회 노수사님께서 손수 미사 복사를 해 주시는 모습

은 심리 세계에서 온 것일 수도 있고, 아니면 영들의 세계에서 온 것일 수도 있다. 그리고 영들의 세계에는 우리가 태어난 목적으로 이끄는 성령과 그 목적에 도달하지 못하게 방해하는 악한 영이 있음을 깨달았다.

우리는 미리 예약한 덕분에 '회심의 소성당'에서 감격스러운 미사를 봉헌할 수 있었다. 그리고 미사를 봉헌할 때 소성당을 관리하시는 예수회 노수사님께서 손수 미사 복사를 해주셔서 마치 이냐시오 성인이 우리 곁에 계신다는 느낌이 들었다. 사순 제1주간 미사 전례로 봉헌하는데 그날 복음(마르 1,12-15)이 공교롭게도 예수님의 '유혹사화'였다. 필자는 미사 강론을 통해 우리에게 작용하는 유혹의 실체와 그에 대한 예수님의 대처를 묵상해 보도록 안내했다.

유혹사화에서 우선 악마는 예수님께 돌을 빵으로 만들어서 허기진 배를 채우라고 했다(마태 4,3). 40일 동안 단식하고 있는 예수님에게 이 권고는 하등 이상할 것이 없다. 그러나 **예수님은 "사람이 빵만으로 사는 것이 아니라 하느님의 입에서 나오는 말씀으로 산다."(마태 4,4)고 응대함으로써 우리에게 허기진 배를 채우는 것보다 영혼의 허기짐을 채우는 것이 우선이라는 사실을 알려준다.** 인간의 영적인 배고픔은 하느님과 연결되지 않았기 때문에 생겨난다. 하느님 말씀의 묵상과 찬미와 감사를 통해 우리 영혼이 하느님과 연결될 때 우리 영혼의 허기짐을 우선적으로 채울 수 있고, 우리의 육체적인 욕구에도 바르게 응대할 수 있다.

　두 번째로 악마는 예수님에게 "당신이 하느님의 아들이라면 성전 아래로 몸을 던져 보시오."(마태 4,6)라고 말한다. 바로 악마는 하느님마저도 조종해서 우리 자신을 삶의 중심에 두도록 유혹한다. 악마의 유혹으로 우리는 어떤 대상이나 자기 관심사, 자신의 욕망 등을 삶의 중심에 두기 쉽다. 그러나 **예수님은 하느님을 우리 삶의 첫째 자리에 두도록 말씀하신다. "너희는 먼저 하느님의 나라와 그분의 의로움을 찾아라."(마태 6,33) 이때 하느님의 생명력이 우리 안에 머물게 되어 우리가 원하는 것들도 곁들**

■ 예수 그리스도의 유혹사화 – 베네치아 성마르코 성당 벽화

여 받게 될 것이다.

세 번째로 악마는 예수님께 "당신이 땅에 엎드려 나에게 경배하면 세상의 영광과 명예를 당신에게 주겠다."(마태 4,9)고 거래를 제안했다. 악마는 자신의 이름을 빛내는 일, 자신을 영광스럽게 하는 일에 우리의 능력과 재능을 쉽게 쏟도록 우리를 부추긴다. 그러나 **예수님은 이러한 제안을 단호히 거절하며 하느님을 경배하고 섬기는 일에 우리 능력과 재능이 사용되어야 할 것을 말씀하신다. 자신이 무엇을 섬기느냐에 따라 그 섬기는 대상에 속하게 된다.** 요컨대 돈을 섬기면 돈의 노예가 되고, 권력을 섬기면 권력의 노예가 된다. 수단적인 요소를 목적으로 섬기면 그것의 노예가 되지만, 하느님을 섬기면 하느님께서 우리를 자유롭게 하신다.

예수님의 유혹사화에 대한 복음 말씀을 묵상하면서 필자는 "유혹에 빠지지 않도록 해달라."는 〈주님의 기도〉 청원의 의미를 다시금 되새겼다. 유혹자야말로 영성 생활에서 우리의 경계 대상 1호가 되어야 한다. 창세기의 뱀처럼 유혹자는 우리에게 보이지 않게 접근하여 우리를 유혹하고, 유혹에 넘어갈 때 우리는 아담과 하와처럼 치명상을 입는다. 이냐시오 성인은 우리가 치명상을 입지 않도록 유혹자를 어떻게 식별하고 그들의 술책이 무엇인지, 그의《영신수련》의 책자 식별 규범(영신수련 313-336항)을 통해 제시하고 있다.

　우리는 이냐시오 생가 성지 근처 식당에서 점심 식사 후 전용 버스를 타고 성모 발현지 루르드로 향했다. 루르드로 가는 도중 산세바스티안 역에 잠깐 들러 4박 5일 동안 우리를 안내해 준 현지 가이드를 내려주고 그분과 작별을 고했다. 작별 인사를 나눌 때 가이드는 눈물을 글썽거렸다.

　그분은 청소년 때부터 이곳 스페인에서 유학 생활을 했고, 한국인 남편을 만나 현재 스페인에서 살고 있다. 그런데 4박 5일 동안 우리를 만나 고향의 향수를 짙게 느낀 것 같았다. 우리도 예수님의 향기가 나는 분들을 만나면 그분에게서 고향을 느낀다. 고향이신 하느님께 마음을 두는 신앙이 없다면 우리도 고향을 잃은 사람처럼 떠돌게 될 것이다.

마사비엘 동굴 미사

우리는 스페인 로욜라를 출발하여 오후 5시경 피레네산맥 기슭에 위치한 프랑스 루르드 성모 성지에 도착했다. 프랑스 루르드는 포르투갈의 파티마, 멕시코의 과달루페와 함께 세계 3대 성모 성지다. 이곳은 해마다 전 세계에서 500만~600만 명의 순례객이 찾는다.

우리는 저녁 9시 성모님이 발현한 성모 동굴 앞에서 시작되는 야간 촛불 행렬에 참가하였다. 아직 겨울철이라 그런지 성수기에 진행되는 촛불 행렬 때와는 달리 순례객이 많지 않았다. 보통 촛불 행렬은 성지 한 바퀴를 도는 방식으로 이루어지는데 이날은 행렬 없이 성모 동굴 앞에서 진행되었다.

각국의 언어로 인도하는 묵주기도 각 단이 끝날 때마다 모두가 촛불을 높이 들고 "아베… 아베… 아베마리아!"를 외쳤다. 행

■ 마사비엘 성모동굴 앞에서 야간 촛불 기도

진 때 촛불을 드는 까닭은 불을 밝히며 죄인들의 회개를 위해 기
도하기 위함이다. 또한 행렬하면서 묵주기도를 바치는 까닭은
이곳에 발현한 성모님께서 모든 이의 구원을 위해 벨라뎃다와
함께 묵주기도를 바쳤기 때문이다. 우리가 도착한 날이 공교롭
게도 벨라뎃다 성녀 축일인 2월 18일이어서 예기치 않게 성녀의
축일을 의미 있게 기념할 수 있었다.

다음 날 이른 아침 우리 일행은 아직 어둑한 새벽을 뚫고 성지
로 향했다. 성모 동굴에서 아침 7시에 미사가 예정돼 있었을 뿐
아니라 사람들이 붐비지 않는 새벽 시간에 성지에서 각자 개인

■ 마사비엘 성모 동굴에서 거행된 새벽미사

기도를 드리고자 일찍 숙소를 나선 것이다.

필자는 루르드에 이번이 네 번째인데 순례단과 함께 온 덕분에 성모님께서 발현한 마사비엘 성모 동굴에서 뜻깊은 미사를 집전할 수 있었다. 보통 신자들은 성모 동굴 앞에 설치된 의자에 앉아 미사에 참여하는데 마침 비가 오는 상황이었고, 성지 측에서 배려한 덕분에 우리 일행 모두가 동굴 안에서 미사에 참여할 수 있었다. 사제 없이 성지순례 온 필리핀 순례단도 함께 미사를 봉헌하였다. 서로 언어와 문화는 달라도 한 신앙 안에서 미사와 기도로 일치를 체험하는 순간이었다.

필자는 미사 강론을 통해 하느님께서 루르드를 통해 역사하신 섭리를 되새겼다. 루르드의 성모님은 이곳 마사비엘 동굴에서 1858년 2월 11일 14세의 어린 소녀 벨라뎃다 수비루에게 발현하셨다. 벨라뎃다는 여동생, 친구와 함께 땔감을 주우러 마을에서 1km쯤 떨어진 이 동굴에 왔었다. 이때 바람이 일면서 흰옷을 입은 정체불명의 여인이 지금의 성모 동굴 위에 나타났다. 성모님의 발현을 본 벨라뎃다는 처음에는 발현하신 분이 성모님인지 모르고 이렇게 외쳤다.

"하느님께서 왔다면 남아 있고, 아니면 사라져라!"

■ 마사비엘 동굴 위에 발현한 장소에 재현한 루르드 성모상(좌)과
루르드 성지 중앙광장에 위치한 왕관을 쓴 성모상(우)

그러나 성모님은 벨라뎃다에게 더 가까이 다가오셨다. 그리고 묵주기도를 가르쳐 주시며 함께 묵주기도를 드리자고 하셨다.

발현 3일째 되던 날 성모님은 벨라뎃다에게 15일 동안 이곳에 와 달라고 요청하고, 동굴 밑에 가서 땅을 파 보라고 하셨다. 그 말씀에 따라 땅을 파 보니 그곳에서 샘물이 솟았다. 이때 성모님은 벨라뎃다에게 그 물을 마시고 씻으라고 하셨다. 그리고 **"사람들을 이곳에 오게 하여 함께 기도하고, 네가 하듯이 샘물을 마시고 씻어라."** 하고 말씀하셨다.

벨라뎃다가 이러한 성모님의 당부를 마을 사람들에게 전하자 마을은 발칵 뒤집혔다. 한편으로 '벨라뎃다가 악령에 휘둘리고 있으며 미쳤다'고 조롱하는 사람들, 다른 한편으로 '벨라뎃다가 성모님을 만났으니 성모님의 메시지를 들으러 동굴에 가야 한다'는 사람들로 나뉘었다. 벨라뎃다의 말을 믿고 그곳에 가서 기도드리고 물을 마시고 씻은 사람 중에서 치유의 기적이 일어나기 시작했다.

열한 번째 발현 때 성모님께서는 벨라뎃다에게 실현하기 어려운 난제를 부탁하셨다. 사제들에게 가서 **"이 바위 위에 경당을 지으라."**는 말을 전하라고 했다. 벨라뎃다는 성모님의 부탁대로 본당신부에게 가서 대담하게 성모님의 말씀을 전했다. 한 소녀로부터 터무니없다 여겨지는 말을 들은 본당신부는 허황된 소리 말라며 벨라뎃다를 혼낼 수도 있었는데 현명하게 대처한다.

"다음에 그 부인이 나타나거든 그분이 누구신지 이름을 물어보거라. 네게 그 말씀을 전하는 분이 누군지 알아야 나도 그것을 따를 수 있지 않겠느냐."

벨라뎃다는 성모님이 발현하실 때 본당신부의 말을 전한다.

"당신이 누구신지 본당신부님께서 이름을 알아 오라고 하십니다."

성모님은 눈을 하늘로 향한 후 양손을 가슴에 모으면서 말했다.

"임마쿨레 콩셉시옹."(나는 원죄 없이 잉태된 자다.)

학교를 다니지 않았던 벨라뎃다는 이 말의 의미를 알지 못했을 뿐 아니라 처음 듣는 말이어서 이 말을 잊지 않기 위해 줄곧 외우면서 본당 사제관으로 달려가 문을 두드렸다. 그리고는

문을 열고 나오는 본당신부에게 토해 내듯이 "임마쿨레 콩셉시옹!"이라고 외쳤다.

이 말을 들은 본당신부는 충격에 휩싸였다. 그동안 벨라뎃다가 성모님을 만났다는 이야기는 들었지만 잘못된 환시나 잠꼬대 같은 소리를 한다고 생각했는데 이 일로 성모님의 발현을 믿게 되었다. '임마쿨레 콩셉시옹'은 신학을 공부했거나 당시 교회 상황을 이해하는 사람이 아니라면 알 수 없는 말이었다. 따라서 벨라뎃다가 성모님을 통해 전해 듣지 않았다면 결코 그런 말을 전할 수 없었다.

교황 비오 9세는 루르드의 성모 발현이 있기 4년 전인 1854
년 12월 8일 〈성모마리아의 원죄 없이 잉태되심〉(임마쿨레 콩셉
시옹)에 관한 교의를 칙서 〈형언할 수 없으신 하느님〉(Ineffabilis
Deus)을 통해 공식적으로 반포하셨다. 그것은 **"복되신 동정 마
리아께서는 잉태되시는 첫 순간부터 전능하신 하느님의 특별한
은총과 특전으로, 인류의 구원자 예수 그리스도께서 세우실 공
로를 미리 입으시어, 원죄에 조금도 물들지 않게 보호되셨다."**
는 교의다.

사실 교회는 초세기부터 "하와가 죄를 지어 죽음을 가져왔다
면 마리아는 이 모든 것을 회복하는 분으로, '흠 없는 하느님의
신부'로 예수님을 태중에 모셨던 마리아의 육신은 '티 없이 깨끗
하신' 정결한 몸이며, 이 정결은 평생 동정과 원죄 없음으로 드
러난다."고 가르쳤다.

루르드 본당신부는 자신에게 일어난 사실을 하나도 빠뜨림 없
이 교구장 주교에게 편지로 보고하였다. 그리고 이 증언은 루르
드의 성모 발현을 교회가 인정하는 결정적인 계기가 되었다. 성
모 발현이 있은 지 4년 뒤인 1862년 교황 비오 9세는 성모님이
벨라뎃다에게 나타났음을 공식 인증하였다.

이렇게 루르드의 성모님 발현은 1854년 교황 비오 9세가 반포
한 '원죄 없이 잉태되신 마리아' 교의를 확인시켜 주었다. 또한
이것은 교회가 성모님을 통해서 그리스도의 복음으로 나아가야
함을 기억하게 했다. **성모님께서 벨라뎃다와 함께 한 '묵주기도'**

는 성모님을 통해서 그리스도의 복음 안으로 들어가도록 안내하는 기도다. 그리스도 십자가의 보혈로 우리 죄를 씻고, 성모님처럼 우리도 원죄 없는 상태가 되어 복음인 그리스도를 잉태해야만 한다. 교회는 초세기부터 이러한 복음 선포를 해 왔으며, 루르드의 성모님께서 발현하시어 벨라뎃다에게 이 교회의 진리를 재확인하시고 선포하신 것이다.

루르드 성지 성당들

마사비엘 성모 동굴에서 미사 봉헌 후 우리는 미사의 감동을 가
득히 안고 숙소로 돌아와 아침 식사를 했다. 그리고 나서 오전 시
간 동안 루르드 성지 내에 있는 기념 성당들을 방문했다.

루르드 성지 기념 성당은 4개가 있다. 첫 번째 세워진 성당은
1862년 착공해 1866년 완공된 '동굴 성당', 두 번째 성당은 1866
년 착공하여 1876년 봉헌된 '원죄 없이 잉태되신 성모마리아 대
성당', 세 번째 성당은 1881년 착공하여 1901년 봉헌한 '로사리
오 성모마리아 대성당', 네 번째 성당은 1958년 성모 발현 100주
년을 기념하여 성지 광장 지하에 세워진 '성 비오 10세 교황 대성
당'이다. 우리는 가이드의 안내에 따라 완공 순서대로 기념 성당
을 방문하며 각 성당이 가지는 중요 의미에 대해 설명을 들었다.

■ 성모발현 동굴 위에 지어진 세 개의 성당 전경

　'동굴 성당'은 루르드에서 첫 번째로 지어진 성당이다. 지금은
위아래 대성당이 있어 무심코 지나가다 보면 놓치기 십상인 작
은 성당이다. '동굴 성당'은 이름 그대로 성모님이 발현한 마사
비엘 동굴 바로 위에 지어졌다. 제대는 성모님의 발현을 기념해
발현하신 장소 바로 위에 세워졌다. 그래서 동굴 성당은 성모 발
현 동굴과 함께 '루르드의 심장'으로 불리고 있다. 1866년 이 성
당 축성식 때 벨라뎃다 성녀도 참석했다고 한다.

　이 성당은 성모님의 소박함과 단순함을 묵상하게 하는 아늑한
분위기로 꾸며져 있었다. 현재는 미사 봉헌보다 순례자들을 위

■ 동굴 성당 내부에 설치된
벨라뎃다 성녀 경당(위).
원죄 없이 잉태되신
성모마리아 대성당 내부 전경(아래)

한 성체조배 성당으로 사용되고 있다. 우리가 들어갔을 때 몇몇 순례객들이 성체조배를 하고 있었다. 우리도 각자 성체조배를 하고, 바로 '동굴 성당' 위에 위치한 '원죄 없이 잉태되신 성모마리아 대성당'으로 올라갔다.

'원죄 없이 잉태되신 성모마리아 대성당'은 성모 발현 동굴로부터 20m 높이의 절벽 꼭대기에 지어졌으며, 동굴 위에 위치한 세 성당 중 가장 위에 있다 해서 '윗성당'으로도 불린다. 이 성당은 길이 51m, 너비 21m의 대리석 건축물로 종탑 높이만 70m가 된다. 이 대성당 중앙 제대 상단부 3개의 창에는 성모마리아의 일생을 주제로, 나머지 23개 창에는 루르드 성모 발현과 성녀 벨라뎃다의 일생을 생생하게 전해주는 주제의 색유리그림이 장식되어 있다. 동굴 성당의 분위기와 사뭇 대조적으로 웅장하고 화려했다. 가이드는 대성당 내벽에 한글로 쓰인 대리석 봉헌판으로 안내했다. 그곳에는 세로로 다음과 같은 글귀가 있었다.

"셩춍을 가득히 닙우신 마리아여, 네게 하례ᄒ나이다."

그리고 라틴어로 쓰인 글귀도 있었는데 그것의 의미는 다음과 같다.

COREANE PENINSULAE MISSIONARII DE ANGUSTIIS ET

PERICULIS IN MARI GRAVISSIMIS IMMACULATAE MARIAE
VIRGINIS AUCILIO EREPTI TANTI BENEFICII MEMORES
IN BASILICA LAPURDENSI EX VOTO LAPIDEM HUNC IN
SIGNUM PONI CURAVERUNT. MDCCCLXXVI.

(조선 반도의 선교사들이 바다에서 심한 풍랑으로 고생하던
중 원죄 없으신 동정 마리아의 도우심으로 구원되었음을 기념
해 서약에 따라 감사드리는 마음으로 루르드 대성전에 이 석판
을 설치한다. 1876.)

1876년 이 성당 축성 당시 제6대 조선 교구장 리델(F. C. Ridel)

■ 한글과 라틴어로 쓰여진 대리석 봉헌판

주교가 이곳에 와서 성모님께 받은 은혜에 감사의 마음을 담아 이 석판을 봉헌하셨음을 알 수 있다. 리델 주교는 병인박해(1866년) 때 가까스로 중국으로 탈출하여 1869년 주교로 임명된 뒤 다시 우리나라에 들어오기 위해 노력했다고 한다.

1875년 리델 주교와 신부들이 배를 타고 중국에서 우리나라로 입국을 시도할 때 대청도 근처에서 거대한 풍랑을 만나 배가 뒤집힐 위기에 처했다. 그들은 루르드의 성모님께 도움을 청하며 풍랑에서 건져 주신다면 루르드 성지에서 미사를 봉헌하겠다고 서원했다고 한다. 그러자 기적적으로 바람의 방향이 바뀌어 리델 주교 일행이 대청도에 무사히 도착하게 되었다. 1876년 그

■ 로사리오 성모마리아 대성당 파사드

■ 로사리오 성모마리아 대성당 제대 정면에 불어로 "PAR MARIE A JESUS"
(마리아를 통하여 예수님께로) 글귀가 새겨져 있다.

들이 루르드에 왔을 때 그 약속을 실천한 것이다.

동굴 성당 아래쪽에 위치한 '로사리오 성모마리아 대성당(La basilique Notre Dame du Rosaire)'은 기존 '원죄 없이 잉태되신 성모마리아 대성당'으로 밀려드는 순례자들을 감당할 수 없어서 지어진 성당이라고 했다. 이 성당은 많은 순례자를 수용할 목적으로 설계되어 신자석에 기둥이 하나도 없다. 그래서 성당 크기가 길이 52m, 너비 48m에 불과하지만 2,000여 명을 한꺼번에 수용할 수 있다고 한다.

"성모님이 항상 묵주를 들고 나타나셨다."는 벨라뎃다의 증언대로 이 성당은 묵주의 기도 세 신비(환희, 고통, 영광)를 묵상하는 15개 경당으로 꾸며져 있으며, 각 신비의 주제를 나타내는 모자이크화로 장식해 놓았다. 성요한 바오로 2세 교황님께서 묵주의 기도 네 번째 '빛의 신비'를 제정하시고 반포하셨다. 이 '빛의 신비'에 대한 주제는 대성당이 준공되고 한참 후에 대성당 파사드(정면)에 장식되었다. 이렇게 '로사리오 성모마리아 대성당'은 묵주기도에 대한 네 신비를 주제로 꾸며졌다.

이 대성당 제단 위 전면에 프랑스어로 "Par Marie, A Jesus"라는 글귀가 쓰여 있는데 "마리아를 통하여 예수님께로"라는 의미다. 성모님의 믿음과 겸손에 따라 묵주기도 20개 신비로 대변되는 '예수님의 복음' 안으로 들어갈 수 있음을 나타낸다. 이것은 교회가 초세기부터 선포해 온 인간 구원의 원리다.

■ 루르드 광장 지하에 세워진 성 비오 10세 교황 대성당 제대 전경

순례자들은 인간사의 고뇌와 바람을 가지고 기도하기 위해 성전 안으로 들어온다. 기도는 현실을 도망쳐 오는 단순 도피처가 아니라 자기 자신의 필요와 상처를 채워주고 치유하실 수 있는 예수님의 현존 앞에 그것을 두기 위해서다. 이때 성모님은 우리 자신의 필요와 문제를 주님과 연결시키도록 도와주는 '기도의 안내자'다. 성모님의 모범을 통하지 않는다면 우리는 쉽게 예수님의 복음과 현존 안으로 들어갈 수 없다. **성모님의 '믿음과 겸손'을 통하여 문을 열고 예수님의 현존 안으로 들어갈 때 예수님의 현존이 우리의 바람과 청원, 고뇌와 상처를 어루만져 주실 수 있다. 이렇게 성모님을 통하여 예수님의 현존 안으로 들어갈 때 청**

원자의 기도가 응답받게 된다.

　마사비엘 동굴 근처의 세 성당을 순례한 다음 우리는 마지막으로 지은 '성 비오 10세 교황 대성당'으로 갔다. 이 대성당은 벨라뎃다가 성모님을 만난 지 100주년을 기념하여 1958년 완공했다고 한다. 이 대성당의 규모는 길이 201m, 폭 81m로 한꺼번에 약 3만 명을 수용할 수 있는 어마어마한 크기다. 성 비오 10세(1835~1914년)는 벨라뎃다가 살았던 19세기의 혼란스러움을 겪으신 분이고, 교황이 되어 세속화되는 교회를 개혁한 분이다. 지켜야 할 것은 철저하게 지키고, 악습과 폐단은 과감하게 버린 용기 있는 교황이기도 했다. 특히 신앙생활의 가장 기본인 기도와 전례 참여를 적극적으로 권유하신 분이다.

　우리는 이곳 대성당 둘레에 걸린 성인들의 사진을 보면서 대성당을 한 바퀴 돌았다. 그리고 각자의 세례 성인이 등장할 때마다 성인을 배경으로 각자 사진 촬영을 하였다. 우리 각자를 이끄시는 수호성인의 모범을 따라 이 세상을 살다가 마침내 천국에 들어갈 때 성인들의 전구로 천국의 시민이 되기를 마음 모아 염원했다.

성녀 벨라뎃다

점심 식사 후 루르드에서 순례객을 위해 베푸는 침수 예식에 참여하기 위해 마사비엘 성모 동굴 옆에 있는 침수 장소에 도착했다. 이 예식은 성모님께서 벨라뎃다에게 **"땅을 파서 그 물을 마시고 씻어라."**라고 한 당부 말씀에 따라 시작되었다.

침수 장소에 도착했을 때 이미 대기 줄이 있었고, 우리 일행은 대기석에 앉아 순서를 기다렸다. 예전에는 봉사하는 분들의 안내에 따라 탈의 후 준비된 가운을 입고 침수 욕조 안으로 들어가 가운을 걷으면, 봉사자들이 흰 천으로 몸을 가려 주고 물속에 눕혔다가 일으켜 주었다. 그러나 지금은 침수 예식이 간소화되어 있었다. 한 번에 4~6명씩 침수 장소로 안내되어, 예전처럼 침수 욕조에는 들어가지 않고 그 앞에서 각자 청원 기도를 바치고 샘물에 손을 씻은 뒤 손으로 물을 받아 마시고 얼굴을 씻었다.

■ 루르드의 샘물이 솟아 나는 샘. 이 샘물을 모아
'침수예식'이 이루어지는 장소나 '식수대'로 샘물을 공급한다.

루르드 성지는 다른 성모님 발현 성지보다 사람들이 많이 찾
는 곳이다. 치유 기적이나 특별한 은혜가 주어지기를 바라며 이
곳에 오시는 분도 많다. 그동안 루르드에서 기적적으로 병이 고
쳐진 사례가 수천 건이나 보고되었다고 한다. 우리 교회는 기적
에 대한 의문을 갖지 않도록 의학과 과학을 통해 엄격하게 심사
한다. 이러한 심사를 거쳐 의학적으로 설명할 수 없는 순수 기적
을 가려낸다.

루르드 샘물을 마시고 그 물로 씻는 것과 관련하여 경계해야 할
것은 샘물 성분에 대한 과학적 치유 효능에 집중하거나 성모님을

'치유의 여신'쯤으로 여기는 태도다. "샘물을 마시고 씻어라" 하는 성모님의 말씀은, 요한복음 4장에 언급되고 있는 예수님과 사마리아 여인과의 대화에서처럼 참 생명수이신 예수님과의 올바른 관계 안으로 들어가라는 요청일 것이다. 우리는 먼저 예수님과의 관계 안에서 우리 죄를 씻고 그리스도의 생명력으로 재생되어야 한다. 예수님의 생명력으로 하느님과 우리 주변의 이웃들, 그리고 나 자신과의 관계가 회복될 때 바로 우리 영혼과 마음이 치유된다. 이러한 관계 회복은 더 나아가 육체적인 질병을 낫게 하기도 한다.

우리는 루르드 광장 한켠에 있는 벨라뎃다 성녀 기념관으로 향했다. 그곳에는 당시의 루르드 풍경과 사람들의 생활상, 여러 차례에 걸친 성모님의 발현, 벨라뎃다가 본당 사제에게 성모님의 말씀을 전하는 모습 등 성모 발현과 연관되어 일어난 일련의 과정을 생생한 모형으로 재현해 놓았다.

성녀는 성모 발현에 대해 고위 성직자나 사제들, 그리고 경관들 앞에서 심문받을 때 두려움이 없었고, 사실만을 증언했기 때문에 자유로웠다고 한다. **발현에 대한 조작 가능성 질문을 받을 때 성녀는 "저는 여러분에게 메시지를 전하라는 임무를 받았지, 그것을 믿게 하라는 임무를 받은 것이 아닙니다."라고 답했다.** 성녀는 진실함과 평범함과 간결함으로 성모 발현을 목격한 증인으로서의 역할을 훌륭하게 수행했다.

기념관 순례를 마치고 가브강 다리를 건너 성녀 생가로 갔다. 생가는 다리에서 그리 멀지 않는 곳에 있었다. 생가 입구에는 이곳이 원래 물레방앗간이었다는 의미로 큰 맷돌이 놓여 있었다. 그리고 우리가 도착한 날이 성녀 축일이어서 그런지 생가 앞에 꽃이 놓여 있었다. 성녀의 생가는 옛 모습과는 달리 현재는 잘 단장되어 있었다.

생가 입구로 들어서니 성녀의 가족과 함께 1850년대 루르드 사람들의 사진이 전시되어 있다. 사진 속에는 성직자, 귀족, 군

■ 벨라뎃다 성녀 기념관에 고위 성직자와 사제들 앞에서 성녀의 증언을 재현한 모습

■ 벨라뎃다 성녀 생가 앞에 놓인 맷돌(위)
벨라뎃다 성녀의 가계도(가운데)
벨라뎃다 성녀가 태어난 방(아래)

인뿐 아니라 석공, 농부 등 소시민들의 모습이 담겨 있어 당시 시대상을 잘 보여준다. 그리고 어린아이들이 묵주를 들고 두 손을 얌전하게 모으고 찍은 벨라뎃다 가족사진은 성가정의 단란함을 보여주었다.

발코니를 따라 성녀가 태어난 방앗간으로 들어서니 위층에 방 2개가 있었다. 성녀가 태어난 방에는 낡은 침대 하나와 성녀와 그의 부모 사진이 걸려 있었다. 또 다른 방에는 성녀 가족이 방앗간에서 일하고 기도하던 일상의 삶을 그린 삽화들이 진열돼 있었다. 아래층은 거실, 부엌과 함께 개울물로 맷돌을 돌려 방아를 찧던 당시 방앗간 모습이 복원되어 있었다.

벨라뎃다의 부모님은 1843년 결혼하였고, 이듬해 성녀가 태어났다. 성녀는 볼리 방앗간에서 서로 사랑하며 신뢰하는 가족과 함께 조용하고 행복한 어린 시절을 10여 년간 보냈다. 그러나 당시 시작된 산업화로 말미암아 단란했던 가정에 시련이 찾아왔다. 1853년 무렵 시골 루르드에도 증기식 방앗간이 등장했으며, 결국 물레방아 제분소인 볼리 방앗간은 폐업해야만 했다. 이후 경제적 어려움에 처한 성녀 가족은 몇 번이나 거처를 바꿨는데, 그때마다 집세가 더 싸고 더 작은 거처로 옮겨 다녔다. 더 이상 집세도 지급할 수 없는 극한 상황에 처하자 결국 1857년 벨라뎃다 가족은 당시 폐쇄된 감옥인 '카쇼(Cachot)'에 정착하였다.

우리 일행은 성녀 생가에서 나와 성녀가 성모님 발현을 목격

■ 벨라뎃다 성녀 생가에 복원된 물레방앗간 모습(위)
벨라뎃다 성녀가 성모님 발현을 목격할 당시 살았던 거주지 카쇼(가운데)
벨라뎃다 성녀 생가 1층 거실에 걸려 있는 묵주(아래)

했던 당시에 살았던 거주지 카쇼로 향했다. 생가에서 오르막길로 가다가 골목길로 접어들어 걷다 보면 오른쪽에 카쇼가 있다. 생가에서 도보로 10분쯤 소요되었다. 카쇼는 성녀의 생가처럼 깔끔하게 단장되어 있었다. 그러나 예전 카쇼는 죄수들을 가두던 감옥이었고, 사람 살 곳이 못 돼 죄수들도 내보내고 폐쇄했던 곳이다. 5평 남짓한 좁은 공간이었는데 이곳에서 6명의 성녀 가족이 함께 살았다고 한다.

카쇼로 이사 온 후에도 성녀 가족의 시련은 그치지 않았다. 그해 아버지는 밀가루를 훔쳤다는 누명을 쓰고 8일간 옥살이를 했으며, 무죄가 드러나 풀려났지만 감옥에서 받은 격심한 스트레스로 왼쪽 눈을 실명했다고 한다. 어머니는 남의 집 가정부 일을 하며 겨우겨우 가족 생계를 꾸리고 있었고, 성녀 또한 어둡고 습한 환경 탓에 어릴 적부터 앓던 천식이 악화되어 더없이 병약한 상태였다. 이런 어려운 상황에서도 성녀 가족은 웃음을 잃지 않고 온 가족이 밤마다 벽난로에 모여 묵주기도를 하며 지냈다고 한다.

성녀가 카쇼에 살 때 마사비엘 동굴 쪽에 땔감을 주우러 갔다가 성모님을 만났다. 당시 사람들이 "그렇게 고귀한 부인이 너처럼 가난한 아이에게 나타날 수 있었느냐?"고 따져 물을 때 성녀는 다음과 같이 대답했다고 한다.

"나보다 더 가난한 사람이 있었다면 그 아이에게 성모님이 나타났을 겁니다."

■ 벨라뎃다 성녀가 입회 후 동료 수녀님들과 함께(위),
그리고 성녀가 입회한 느베르에 있는 애덕 수녀원(아래)

성녀는 "당신 종의 비천함을 돌보셨다."(루카 1,48)고 고백한 성모님처럼, 하느님 말고는 더 이상 희망을 둘 수 없는 '가난함' 과 '비천함' 속에 있는 자들을 하느님께서 보살핀다는 것을 깨달았다.

벨라뎃다는 성모 발현이 끝나고 1866년 느베르에 있는 애덕 수녀회에 입회했다. 입회 바로 다음 날 원장 수녀님의 부탁으로 그곳 수녀님들에게 성모 발현 목격담을 이야기하게 되었다. 성녀는 목격담을 시작하기 전 그곳에 모인 동료 수녀들에게 이런 말을 건넸다고 한다.

"루르드 성모님 발현과 관련된 이야기라면 이것이 마지막이라는 전제 조건하에 말씀을 시작하겠습니다."

이것은 성녀가 성모 발현을 목격한 특별한 체험에 애착하며 살지 않았음을 보여준다. 그리고 성녀는 자신의 삶에 대한 신념을 이렇게 피력하였다.

"저는 한순간도 사랑하지 않는 삶을 살지 않을 겁니다."

특별한 영적 체험의 기억에 사로잡혀 현재의 일상을 충만한 사랑으로 살지 못하는 것을 경계한 성녀에게서 진한 성덕의 향기가 느껴진다.

작은 기적

전날 우리는 마사비엘 동굴 새벽 미사부터 성지 성당 순례, 침수 예식, 벨라뎃다 성녀 생가 순례, 야간 촛불 행렬에 이르기까지 좀 빡빡하지만 알찬 하루를 보냈다. 덕분에 금일 오전에는 매일 미사 후 각자 자유 시간을 갖기로 했다.

여유로운 아침 식사를 마치고, 미리 예약된 '원죄 없이 잉태되신 성모마리아 대성당'의 한 경당에서 매일 미사를 봉헌하였다. 미사 강론 중에 '기도의 스승이신 성모님'을 주제로 묵상하는 시간을 가졌다.

우리가 알고 있듯이 성모님의 삶은 평탄하지 않았다. 가브리엘 천사가 방문하여 처녀의 몸으로 아기를 잉태하게 될 거라는 소식을 전했을 때 성모님은 얼마나 당혹스러웠겠는가! 더군다

■ 원죄없이 잉태되신 성모마리아 대성당 경당에서의 아침미사

나 당시 요셉과 약혼한 처지를 감안한다면 인간적 갈등이 얼마나 컸겠는가! 임신한 몸으로 나자렛에서 베들레헴까지의 여행길, 헤로데의 어린아이 학살을 피해 이집트로 가는 피난길, 성전에서 소년 예수님을 잃어버림 등등 성모님의 삶도 우리 생활인들이 겪어야 하는 다양한 관계와 갖가지 시련에서 자유로울 수 없었다.

성모님의 위대한 점은 자신에게 닥친 고통과 시련을 혼자 곱씹지 않고 '기도 안에서' 하느님의 시선으로 바라보았다는 점이다. 또한 기도 안에서 '하느님의 뜻'을 찾고, 그 뜻을 흔쾌히 따르셨다. 성전에서 예수님을 잃어버리고 되찾았을 때 성모님은 "저는 제 아버지의 집에 있어야 하는 줄을 모르셨습니까?"(루카 2,49)라는 예수님의 이해하기 어려운 말을 들었다. 이때 성모님은 자기 생각대로 즉각 반응하지 않으셨다. 하느님의 시선으로 바라보기 위해 이해하기 힘든 예수님의 말을 판단하기보다는 그것을 마음에 새겼다. **기도의 스승으로서 우리가 성모님께 배워야 할 점은 우리에게 어떤 일이 발생할 때 그것을 나의 시선으로 재단하지 말고 하느님 앞에 머물면서 하느님의 시선으로 하느님의 뜻을 헤아리는 자세이다.**

■ 루르드 가이드와 함께 광장에 있는 성모상 앞에서 기념 사진

우리 일행이 미사 중 '신자들의 기도'를 바칠 때 이번 순례에 동행하면서 미사 전례를 준비해 주신 수녀님께서 2박 3일간 이곳 루르드 성지를 안내해 준 가이드를 특별히 기억하며 기도하셨다. 그분은 전업 가이드는 아니었고, 이곳 루르드에서 직장에 다니는 분이다. 가끔 여행사에서 연락이 올 때 시간이 허락하면 가이드 일을 한다고 했다. 그분은 루르드 성지 가이드임에도 불구하고 아직 세례를 받지 않은 비신자였다. 이곳 프랑스에서 세례를 받으려고 했지만 절차가 복잡하고 다양한 사정 때문에 차일피일 미루다 세례를 받지 못했다고 했다.

우리는 그의 사연을 듣고 어떻게 도와줄지 고민하였다. 기도하신 수녀님께서는 프랑스에서 받기 어려우면 한국에 올 때 세례받을 수 있도록 주선하겠다고 말씀하시며, 그분이 통신교리를 받을 수 있도록 안내해 주셨다. 가이드는 우리의 관심과 응원에 감사를 표하면서 통신교리를 시작하겠다고 화답하셨다. 이러한 가이드의 응답에 우리는 미리 정해놓은 그분의 세례명을 부르며, 방금 세례받은 사람에게 축하하듯이 함께 기뻐하며 기념 촬영을 했다. 루르드의 성모 성지를 성심성의껏 안내했던 가이드 분이 성모님의 중재로 조만간 하느님의 자녀가 되기를 우리 모두 한마음으로 기원하였다.

미사 후 남은 오전은 각자 자유 시간을 갖기로 하고 삼삼오오 흩어졌다. 몇몇은 물통을 사서 성모님의 샘물을 받으러 가기도

했고, 몇몇은 가족이나 지인에게 줄 선물을 사러 기념품 가게에 가기도 했다. 그리고 몇몇은 성지 성당 근처 산등성이를 따라 조성된 '십자가의 길'로 기도하러 갔다.

'십자가의 길'에 다녀온 일행 중 한 분은 '십자가의 길'에서 작은 기적을 체험했다고 말씀하셨다. 그분은 평소 예수님이 걸으신 십자가의 길이 역사의 한 사건으로만 기억될 뿐, 그 길을 걸으신 예수님이 자신과 어떤 연관이 있는지에 대한 감흥이 없었다고 한다. 그런데 십자가의 길 제7처 예수님의 두 번째 넘어지심으로 가는 도중, 경사진 오르막길을 가다가 자신도 너무 숨이 차고 다리가 굳어지면서 거의 넘어질 뻔했는데 이때 예수님의 십자가의 사랑이 자신에게 전해졌다고 한다. **자신은 그저 가벼운 배낭 하나 메고 거의 맨몸 상태로 걷는 것조차 이토록 힘든데, 예수님께서는 그 무거운 십자가를 메고 세상의 모든 죄를 짊어지고 골고타로 가시는 십자가의 길이 얼마나 힘들고 버거웠을지 통감되며 눈물이 핑 돌았다고 한다.** 그리고 예수님의 고통 안에서 자신이 느끼는 힘듦은 대수롭지 않게 여겨지는 위로를 받는 체험을 하셨다고 한다. 작은 기적 체험이 아닐 수 없다.

필자가 이냐시오 영신수련을 지도할 때, 피정자들은 예수님의 수난을 묵상하면서 예수님의 십자가 사건이 단순한 역사적 사건이 아니라 '나를 위해 십자가를 지신 예수님'의 사랑에 감동의 눈물을 흘리곤 한다. 루르드의 십자가의 길을 바치면서 예수님의 사랑을 체험하신 그분은 아직 이냐시오 영신수련을 받지 않았

■ 루르드 산등성이를 따라
조성된 십자가의 길

다. 앞으로 영신수련을 하기로 약속하고 이번 순례에 함께하신 분이다. 나중에 이번 성지순례를 평가하는 자리에서 그분은 이번 우리의 순례가 세 성인의 자취를 따라가는 것도 의미 있었지만, 루르드의 '십자가의 길'에서 성모님의 전구로 살아 계신 예수님을 만날 수 있었던 것이 가장 뜻깊게 다가왔다고 말씀하셨다.

앞으로 이냐시오 영신수련을 실제로 하게 될 때 이 체험이 빨랑카(지렛대)가 되어 살아 계신 예수님과의 보다 깊은 만남으로 들어갈 수 있기를 염원한다. 우리 일상의 삶이나 기도 안에서 살아 계신 예수님을 뵙는 것은 얼마나 큰 은총이고 행운인가!

▪ 우리 일행이 루르드에서 파리로 가는 고속열차에 탑승하고 있는 모습

■ 파리 에펠탑의 야경

　점심 식사를 마치고 짐을 챙겨 루르드 기차역으로 갔다. 우리 순례의 종착지 파리로 가기 위해서다. 루르드에서 파리까지는 고속열차로도 5시간이 소요되었다. 기차 안에서 쉬면서 그리고 차창 밖 풍경을 보면서 파리 몽파르나스역에 도착하니 벌써 저녁이었다. 우리 일행을 기다리던 가이드의 안내에 따라 대기하고 있던 차에 올랐다. 한동안 도심에서 벗어나 풍요로운 자연 속에 머물다 퇴근하는 차들로 가득한 도심 풍경을 보니 문명의 답답함이 느껴졌다.

　우리는 한인 식당에서 저녁 식사 후 트로카데로 광장으로 갔다. 에펠탑의 야경을 한눈에 볼 수 있는 곳이었다. 마침 도착한 날 에펠탑에서 '전등 쇼'가 있었다. 우리는 함께 그 쇼 불빛을 구경하면서, 그 쇼가 마치 지금까지의 여정을 잘 걸어온 우리를 위한 축하공연처럼 느껴졌다. 앞으로 남은 마지막 파리 순례도 잘 마치기를 기원하면서 에펠탑을 배경으로 기념사진을 찍고 숙소로 향했다.

순례의 종착역

우리가 머문 파리 숙소에서 새벽 미사를 봉헌하려고 장소를 청했지만 호텔 측에서 공간을 배려해 주지 않았다. 그래서 첫 번째 순례지인 성이냐시오 성당에 가서 미사 봉헌을 청해 보기로 했다. 숙소에서 체크아웃하고 차에 올랐다. 전용 버스를 타고 출발할 때마다 바치는 성지순례 기도를 마치고, 필자는 파리에서 이냐시오 성인이 어떻게 지냈는지에 대해 설명했다.

성인은 회심 후 약 10여 년간 학문에 정진했다. 1524년 바르셀로나에서의 라틴어 공부를 시작으로 1526년 알칼라대학교, 1527년 살라망카(Salamanca)대학교, 1528년에는 당시 모든 학문의 중심지였던 파리(Paris)로 옮겨 연학을 이어갔다. 이렇게 성인께서 한곳에 머물지 않고 학교를 옮긴 배경에는 최상의 교

■ 1535년 이냐시오 성인이
파리대학에서 받은 석사학위 인정서

육기관을 찾아 나선 것도 있었지만 당시 성인이 종교재판소에
여러 번 재소되고, 재판까지 받았던 것과 무관치 않았다. 학문 연
구에 보다 집중할 수 있는 파리에 와서 공부한 결과, 1535년 마
침내 성인은 파리대학교에서 석사학위를 받았다.

　하지만 파리 연학 기간에도 성인의 생각처럼 공부에만 집중할
수 있는 상황은 아니었다. 이 시기에도 성인에게 여러 형태의 시
련이 있었다. 우선 가지고 있던 돈을 하숙집에 같이 기거하는 스
페인 사람에게 맡겼는데 그 사람이 돈을 모두 탕진하는 바람에
생활비와 학비를 요청하러 다녀야 했다. 방학 때면 애긍을 구하
러 당시 스페인령이던 플랑드르나 영국까지 가기도 했다. 또한
성인은 건강상태가 좋지 않아 심한 고초를 겪기도 했다. 보름마
다 위통이 일어나 몇 시간씩 계속된 신열에 고생했고, 심지어 그
통증이 열예닐곱 시간이나 지속된 때도 있었다. 스페인 종교재

판소에서 겪은 것처럼 감옥에 갇히거나 심하게 취조받지는 않았지만 파리에서도 종교재판소에 재소되기도 했다.

다른 한편으로 파리 연학 시기는 미래에 함께 일할 동료를 규합하는 축복의 시기이기도 했다. 파리 바르바라 기숙사에서 자신보다 열다섯 살이나 어리지만 학교에서는 선배인 베드로 파브르와 프란치스코 하비에르(하비에르 성인은 인도, 말레이시아, 일본에까지 복음을 전했으며, 선교를 위해 중국으로 가다가 광저우 근처 상천도에서 열병으로 쓰러져 선종하셨다. 1622년 이냐시오 성인과 함께 성인품에 오르셨다.) 등과 한방에서 지냈다. 그들은 이냐시오 성인에게 철학을 가르쳐 주고, 성인은 그들에게 영신수련을 지도했다.

성인에게 영신수련 지도를 받은 두 사람은 크게 감동하여 성인과 같은 삶을 살기로 결심했다. 그리고 다른 동료 4명도 성인을 따르는 그룹에 합류하여 6명의 동료가 자주 모임을 갖고 영적 나눔을 계속했다. 그들은 자신들을 한데 모으고 일치시켜 주신 분이 하느님이심을 깨닫고 '영혼들의 더 큰 유익을 도모하기 위하여' 1534년 8월 15일 성모승천대축일에 몽마르트르의 한 작은 경당에서 청빈과 정결, 그리고 함께 예루살렘을 순례하기로 서약했다. 이렇게 성인의 파리 연학 기간 동안 미래에 창설될 예수회의 모태로서 6명의 초기 동료가 규합되었다.

우리 버스가 파리 6구역에 있는 성이냐시오 성당 입구에 도착

■ 파리 성이냐시오 성당으로 안내하는 표지판

했는데 성당 건물이 보이지 않았다. 성당 안내 표지판을 따라 옷 가게 사이에 끼인 복도를 따라 30m쯤 들어가니 성당 정문이 나타났고,

갑자기 어마어마하게 큰 성당 내부가 보였다. 유럽의 그 어떤 성당도 정면이 상가 건물인 곳은 본 적이 없었는데, 그 성당은 그야말로 세속 한가운데 자리 잡고 있었다.

우선 미사부터 봉헌해야겠다는 생각으로 성당 관리 담당자를 찾았지만 아직 출근하지 않은 상태였다. 성당 옆에 있는 예수회 대학으로 가서 성이냐시오 성당에서 미사를 드리게 해달라고 도움을 요청했지만 자기들 담당이 아니라면서 미적거렸다. 마냥 시간을 지체할 수 없어 일단 중심 제대가 아닌 한 경당에서 미사를 봉헌하기로 했다. 성당은 하느님의 집이니 사제인 필자가 성당을 사용할 권리가 있다는 나름대로의 생각과 담대한 마음이 우러나, 가져간 제구를 꺼내 미사 준비를 했다. 이번 성지순례 파견 미사로 봉헌되는 만큼 다음과 같은 멘트로 미사를 안내했다.

"순례 기간 동안 우리는 세 성인의 발자취를 따라서 많은 은총을 받았습니다. 그리고 지금 이 순간 무사히 파견 미사를 봉헌할 수 있음에 주님께 감사드립시다. 성인들이 걸어간 길을 순례하며 우리는 많은 지혜를 얻었습니다. 우리 각자가 걸어야

■ 아름다운 성이냐시오 성당 내부(위).
성이냐시오 성당 내에 있는 한 경당:
이곳에서 미사 봉헌(아래)

할 일상의 순롓길에서도 방향을 잃지 않고 주님을 향해 굳건히 걸어갈 수 있도록 이 미사 중에 주님의 은총을 청합시다."

또한 미사 봉헌 성가로 이냐시오 성인의 기도에 곡을 붙인 가톨릭 성가 221번 〈받아 주소서〉를 불렀다.

> 주여, 나를 받으소서/ 나의 모든 자유와 나의 기억력과 지력과 모든 의지와/ 내게 있는 것과/ 내가 소유한 모든 것을/ 받아들이소서/ 당신이 내게 이 모든 것을 주셨나이다.
> 주여, 그 모든 것을 당신께 도로 드리나이다./ 모든 것이 다 당신의 것이오니/ 온전히 당신 뜻대로 그것들을 처리하소서/ 내게는 당신의 사랑과 은총만을 주소서/ 이것이 내게 족하오니/ 그 이상 바랄 것이 없나이다.

이 기도는 이냐시오 영신수련 234항에 나온다. 성인은 우리 각자가 받은 모든 은혜, 즉 창조의 은혜, 구원의 은혜, 그리고 특

■ 이냐시오 성인의 동료들이
서약했던 몽마르트르 언덕 아래
위치한 순교자 생드니 경당 표지석

■ 1534년 이냐시오 성인과 그의 동료들이 몽마르트르 언덕 생드니 경당에서 거행된
서약식 모습. 무릎을 꿇고 있는 분이 이냐시오 성인이고 주례자는
당시 사제였던 파브르 성인이다. 이때 이냐시오 성인은 아직 사제품을 받지 않았다.

별히 개인적으로 받은 고유한 은혜들을 깊이 생각하면서 이 기
도를 바치도록 안내하고 있다. 이 기도문은 하느님께서 나를 위
해 얼마나 많은 일을 하시고, 당신께서 가지신 것을 얼마나 많
이 내게 주셨는지 되돌아보게 하면서, 주님께서 주신 생명과 모
든 소유물을 다시 주님께 되돌림으로써 하느님과의 사랑의 관
계가 온전히 완성되어야 함을 표현하고 있다. 이 사랑의 완성을
위해 우리는 각자 인생의 순렛길을 걸어가고 있다. 사랑의 완성

을 위한 방향이 아니라면 우리 인생길은 '순례'가 아닌 '방랑'으로 변할 것이다.

미사가 끝날 무렵 성당 관리인이 출근하였다. 허락도 없이 미사를 봉헌하고 있는 외국인들을 보면서 황당했을 것이다. 가이드가 그에게 자초지종을 설명하고 용서를 구했다. 성당 관리인은 미사를 봉헌하고자 했던 우리 상황에 공감했는지 감사하게도 우리를 용서했다. 이런 상황이 발생하지 않았다면 더욱 좋았겠**지만 삶을 살다 보면 결단하기 어려운 순간이 찾아온다. 이때 하느님께서 이 순간 더 원하시는 바가 무엇인지 선택하고 행하기 위해 하느님의 뜻을 찾는 식별의 지혜를 익혀 나가야 할 것이다.**

점심 식사 후 이냐시오 성인과 그의 동료들이 1534년 8월 15일 서약했던 몽마르트르 언덕 아래 위치한 순교자 생드니 경당을 찾아갔다. 경당 문은 닫혀 있었다. 500여 년 전 그들은 하느님의 사랑을 깊이 깨닫고 '영혼들의 더 큰 유익을 도모하기 위하여' 세상을 향한 새로운 여정의 출발점에 서 있었다.

'이냐시오'라는 이름은 라틴어 '이니스(Ignis)', 즉 '불'에서 유래되었다. '이냐시오' 이름의 의미대로 성인은 '타오르는 불'이었다. 성인은 바로 '타오르는 불'로써 16세기 위기에 빠진 교회를 쇄신하였다. 성인은 참으로 불을 지르러 오신 예수 그리스도의 충실한 도구였다.

"나는 이 세상에 불을 지르러 왔다. 이 불이 이미 타올랐다면 얼마나 좋았겠느냐?"(루카 12,49)

　　예수님의 타오르는 불은 성인들의 영혼 안에서 주님께 대한 사랑의 불, 복음 선포에 대한 열망의 불, 고통받는 영혼들에 대한 연민의 불로 번졌다. 이제 순례를 마치며, 성인들의 길을 따라가며 받은 그 불씨를 우리 안에 소중히 담아 각자의 삶 속에서 타오를 수 있기를 염원한다.

　■ 성지순례를 무사히 마치고 인천공항에 도착한 순례단 일행들

순례는 계속된다

이번 순례를 무사히 마칠 수 있었음에 주님께 감사와 찬미를 드립니다. 하느님의 보살핌과 여행사 및 현지 가이드, 그리고 수많은 분들의 배려 덕분에 우리는 가슴 벅찬 순례를 무사히 마칠 수 있었습니다. 세 성인과 관련된 성지들을 순례하면서 그분들이 걸어온 삶의 여정을 부분적으로나마 체험할 수 있었으며, 앞으로 우리 일상의 순렛길에서 낙오하거나 방랑하지 않고 꿋꿋하게 살아갈 수 있는 지혜를 얻는 시간이었습니다.

세 성인의 발자취를 따르는 순례의 여정은 성인들이 살았던 삶을 추상적으로 생각하지 않고 그들의 삶과 가르침을 되새기게 했습니다. 특히 세 성인의 가르침은 '산티아고 콤포스텔라' 순렛길에서 만날 수 있는 세 가지 상징물에 담긴 의미를 숙고하게 하여 우리가 하느님께로 가는 순렛길에 무엇이 필요한지를 깨닫게 합

■ 산티아고 들판에 떠 있는 밤하늘의 별

니다. 그 상징물의 **첫째는 산티아고 들판에 떠 있는 '별'이요, 둘 째는 산티아고로 안내해주는 길이나 안내판에 새겨진 '조가비(조 개껍데기)'요, 셋째는 산티아고 순롓길에 마련된 '여행자 숙소'입 니다.**

원래 '산티아고 콤포스텔라'라는 지명은 '별들이 많이 떠 있는 들판'이라는 의미입니다. 이곳 밤하늘에는 별이 쏟아질 듯이 많다 고 합니다. 그래서 예전에 밤길을 걸을 때 방향을 잃기 쉬운 순례 자들이 밤하늘을 보고 별들이 유난히 많이 떠 있는 곳을 향해 걸었다고 합니다. 별은 순례자들에게 목적지가 어디에 있는지를 가리키는 표징입니다.

그리고 '산티아고 콤포스텔라' 순렛길은 스페인 북동쪽 피레네산맥에서 대서양이 있는 서쪽으로 펼쳐져 있습니다. 순렛길을 따라 걷는 도중에 순례자들은 수많은 갈림길을 만나게 됩니다. 특히 도시 안으로 들어오면 여러 갈래로 뻗은 갈림길이 많아서 어느 길로 가야 할지 혼란을 겪습니다. 이때 길바닥이나 길옆에 있는 조가비 문양의 표식물을 따라 걸으면 산티아고로 갈 수 있습니다.

또한 산티아고에 가는 순례자의 다수는 피레네산맥 근처 프랑

■ 산티아고로 향하는 안내판에 새겨진 조가비

스 생장에서 순례를 시작하는데 하루 25~30km씩 30~40일 동안 걸어서 목적지에 도달합니다. 따라서 순례 도중에 여행자 숙소에서 적절한 휴식을 취하고 소진된 에너지를 충전해야 긴 순례를 마칠 수 있습니다. 저렴한 가격으로 하룻밤 머물면서 아침 식사까지 제공되는 여행자 숙소는 지친 순례객에게 사막의 오아시스 같은 역할을 합니다.

이렇게 산티아고 순례에서 만나는 세 가지 요소, 즉 '별'과 '조가비'와 '여행자 숙소'는 산티아고 순례를 성공적으로 마칠 수 있도록 도와주는 핵심 요소인 동시에 우리 인생의 순렛길에도 꼭 필요한 세 가지 지혜를 상징하고 있습니다. **우선 '별'은 우리가 향해 가**

■ 산티아고 순렛길에 마련된 여행자 숙소

는 '인생의 목적'을 상징합니다. '조가비'는 우리가 인생의 선택의 순간이나 갈림길에 섰을 때 자신이 걸어야 할 길을 어떻게 '식별'하고 어떤 '결단'을 내려야 하는지를 상징합니다. 마지막으로 '여행자 숙소'는 우리 영혼이 힘들고 지칠 때 쉼과 재충전을 어디서, 어떻게 할 수 있는지를 상징합니다.

세 성인은 우리가 각자의 인생길을 잘 걸을 수 있도록 우리 인생의 목적을 재정립하게 하고, 우리 마음의 역동 안에서 일어나는 체험들에 대한 식별과 선택에 대한 지혜, 그리고 우리 영혼의 쉼과 재충전 방법 등등에 대한 가르침과 이에 대한 실천적인 모범을 제시하였습니다.

우선 성인들은 어떤 계기나 사건을 통해 자기중심에서 벗어나 하느님 중심으로 인생의 목적을 선회하는 회심을 체험합니다. 헤아릴 수 없는 하느님의 크나큰 사랑을 체험하고, 그 사랑에 응답하는 것이 우리가 이 세상에 태어난 목적임을 깨닫습니다. 이냐시오 성인은 《영신수련》 책자에서 "인간은 하느님을 찬미하고 경배하고 하느님께 봉사하기 위해 창조되었으며, 이로써 인간 영혼이 구원될 수 있다."(영신수련 23항)고 제시하여 인간의 창조 목적을 분명히 합니다. **행복을 추구하는 것이 인간의 자연스러운 본성이지만 행복을 우리 인생의 궁극 목적으로 삼아서는 안 된다고 말합니다. 우리 인생의 궁극 목적은 하느님을 사랑하는 것이며, 그 사랑의 결과로서 인간은 구원되고 행복에 이를 수 있음을 언급합**

니다. "너희는 먼저 하느님의 나라와 그분의 의로움을 찾아라. 그러면 이 모든 것도 곁들여 받게 될 것이다."(마태 6,33)라는 마태오 복음의 말씀과 같은 맥락입니다.

그리고 우리 인생길은 매일매일 수행해야 할 식별, 선택과 결단의 연속입니다. 기로에 섰을 때 어떤 결정을 해야 하나, 그리고 예기치 않은 일이 생길 때 어떻게 대처하는 것이 좋은지, 또한 여러 일 중에 무엇을 우선시해야 하는지… 등등 우리는 자주 올바른 삶의 방향에 대한 식별과 선택의 상황에 놓입니다. 이때 **성인들은 자신들의 체험적인 가르침 안에서 영혼의 움직임들, 즉 여러 생각과 감정, 욕구와 욕망이 뒤섞인 체험들 속에서 무엇이 하느님 으로부터 온 것이며, 무엇이 악한 영에서 왔는지 가려내는 식별의 방법을 제시하였습니다.** 성경에서도 "하느님 나라는 바다에 던져 온갖 종류의 고기를 모아들인 그물과 같다. 물가로 끌어올린 고기 중에 좋은 것들은 그릇에 담고 나쁜 것들은 밖으로 던져 버린다."(마태 13,47-48)는 구절에서 식별의 지혜를 제시하고 있습니다. 성인들은 이러한 과정을 통해 하느님의 뜻을 올바로 선택하고 실행할 수 있었으며, 하느님의 뜻이 아닌 것들과 거리를 둠으로써 영혼을 정화해 나갈 수 있도록 안내하였습니다.

마지막으로 우리는 거친 인생길을 걸을 때 과도한 스트레스나 시련 앞에서 지치고 번아웃되기 쉽습니다. 성인들은 우리가 인생길에서 낙오하지 않도록 '생명의 빵'이신 하느님의 말씀을 섭취하고, 하느님과 일치할 수 있도록 길을 제시합니다. 바로 '기도의 길'입니다. **기도는 하느님의 말씀과 현존 안에서 영적인 쉼과 생기를 얻도록 도와줍니다. 예수님의 말씀과 행적, 그리고 표양에 침잠하는 정감적 기도는 하느님의 육화된 사랑이 우리 마음속에 깊이 스며들게 합니다.** 이때 우리 마음이 촉촉해지고 위로받으며, 우리 마음 안에 은총과 기쁨이 샘솟게 됩니다.

'나' 중심이 아닌 '하느님의 사랑'이 중심이 되어 우리 인생의 목적을 재정립하고, 하느님께 더 큰 영광을 드리도록 체험들을 식별하여 하느님의 뜻을 선택하고 실행할 때, 그리고 기도 안에서 하느님의 현존 안에 머물 때, 우리는 "참생명을 얻고 또 얻어 그 생명이 넘치게 될 것입니다."(요한 10,10) 필자의 두 번째 순례기가 세 성인의 삶과 가르침으로 나아가는 데 조금이나마 보탬이 되고, 하느님께서 부르시는 성화의 길에 깊은 갈망을 갖게 하여, 기쁨으로 신앙생활을 영위하는 데 마중물이 되기를 희망합니다.

후기

토르메스 강가에
비친 노을

염경자 보나벤투라 수녀

성지순례 중 토르메스 강가에 비친 노을이 아직도 내 가슴을 물들이고 있다. 평생 잊지 못할 자연이 주는 감동이었으며, 예수님을 마음에 물들이며 살라는 일종의 암시이기도 했다. 이 밖에도 피레네 산맥의 설산, 십자가의 성요한 은둔소, 아빌라의 데레사 성녀에게 나타난 아기 예수가 "나는 데레사의 예수다."라고 말씀하신 장면을 재현한 모습, 그리고 만레사 동굴에서 검(劍)을 성모님께 봉헌하고 구걸을 해서 사시던 이냐시오 성인의 유품 등 이번 성지순례 동안 느꼈던 심쿵한 장면들이다. 그래서 순례 중 화살 기도문 하나를 만들어서 "교만을 내려놓고 겸손하게 살게 도와주세요."라고 자주 화살기도를 바치곤 했다.

순례를 다녀온 후 마음에 담겼던 이미지와 화살 기도문이 흐려져 가고 있던 어느 날, 김평만 신부님께서 이번 성지순례를 다녀온 것에 대한 순례기를 집필하시고, 교정 중이시라며 그것을 설명해 주셨다. 이때 마음이 뜨거워지면서 새로 나온 순례기를 차근차근 기도하는 마음으로 읽으면 밭에 묻힌 보물을 캘 수 있겠다는 생각이 들었다. 마치 엠마오로 가던 제자가 예수님께서 빵을 떼어 주실 때 예수님을 알아 뵈온 것처럼 내 마음에 생동감이 넘치면서 호기심이 발동했다.

조용히 기도하는 마음으로 순례기를 차근차근 읽어야겠다는 마음이 동하게 되었고 연구실에 와서 교정중인 순례기를 단숨에 읽었다. 며칠 전에 독서로 읽은 예레미야서에서 "마른 뼈들에 힘줄이 생기고 살이 올라오는 것"처럼, 순롓길에서 만나 뵈온 십자가의 성요한, 아빌라의 데레사, 로욜라의 이냐시오 성인의 순롓길 이야기들이 생생하게 살아서 나에게 다가오는 신비스러운 체험을 하게 되었다. 그리고 내 마음이 다시 생기를 회복하여 순례 중에 만나 뵙게 된 세 분 성인과 벨라뎃다 성녀와 성모님께 찬미와 감사의 기도를 소리 높여 올려 드렸다.

성인들과 함께 한
치유의 시간

송수임 스텔라

　　　　　　세 성인의 발자취를 따라서 순
례가 시작되었다. 작년 영신수련을 받으면서 체험했던 기억과
이번에 몬세라트 성지에 모셔진 검은 성모님께 자신을 봉헌하
신 이냐시오 성인의 모습을 그려보면서 여기에 나 자신을 투영
해 보았다.

　이냐시오 성인이 머물렀던 만레사 동굴에서 성인이 탁발하던
그릇을 보며, 그리고 바위에 성인이 손수 새긴 십자가를 보면서,
알 수 없는 무거운 마음이 올라왔다. 수많은 고행과 기도생활을
하면서 얻은 깨달음을 기록으로 남겨 〈영신수련〉 책자 초안을
작성했던 이 동굴에 나는 어떤 의미로 와 있는가?

영신수련을 받을 때, 내내 고민하였던 마리아와 마르타의 역할에 대하여 확실한 답을 찾지 못했는데, 순례를 하면서 비로소 나의 역할을 다른 사람과 비교하면서 느꼈던 열등감이란 걸 알게 되었다. 그리고 순례 동안 그 마음을 내려놓을 수 있었다.

세고비아를 순례할 때, 로마 수도교를 지나 조개 문양의 순렛길을 따라 언덕길을 오르는데, 나지막히 귓가에 노래 소리가 들려왔다. 전날 내린 비로 안개가 드리워진 언덕길에서 들려주는 어느 형제님의 천상의 노래는 주님이 함께 하시며 위로하고 치유해 주심을 느꼈다. 십자가의 성요한과 대 데레사 성녀가 주님 사랑을 체험하며 성덕의 길을 걸어가신 그 길을 다시 걸어보는 소중한 시간들을 아들 베네딕도와 함께할 수 있어서 더욱 뜻깊고 행복했다. 성지순례 때 보았던 아란사수의 밤 하늘과 영신수련 피정을 했던 가평의 밤하늘에 떠 있는 수많은 별들의 향연을 연출하신 하느님은 찬미 받으소서!

하느님 아버지께
감사와 찬미를 드립니다

정영숙 소화데레사

　　이번 순례를 위해 매일미사와 기도, 그리고 순례 출발 전 고해성사를 하며 마음의 준비를 하였다. 그리고 이 순례를 통해 하느님 아버지께서 나를 위해 준비하신 선물이 무엇인지 매우 궁금하였고 마음이 설렜다. 순례의 여정 동안 하느님께서 나에게 주시고자 하는 선물을 풍성히 받게 되었다. 어린 시절 육신의 부모님으로부터 충분한 사랑과 보살핌을 받지 못한 것을 아버지 하느님께서 이 순례를 통해 채워주시고자 했다.

　　지도 신부님께서 성지순례 기도문 선정 포상 선물로 사주신 분홍색 파우치 가방을 받았을 때, 나는 마치 공주가 된 것처럼 기뻤다. 그리고 동료 순례자들과 함께 한 시간은 나를 어린 시절 동심의 세계로 이끌었고, 가족들, 친구들과 함께 소풍 가는 기분이 들게 하였다. 또한 성지순례 하는 매순간들이 우리들이 하느님 곁에서 누리는 천국 같다는 생각이 들었다. 많은 칭찬과 사랑. 배려와 나눔의 따뜻함이 내 가슴속 깊이 스미면서 그동안 부족하게 받았던 사랑을 차고 넘치도록 받았다.

상처 많았던 과거의 삶을 사랑으로 치유시켜 주신 하느님 아버지 감사합니다. 제가 무엇이기에 이렇게 분에 넘치도록 사랑을 주십니까! 저는 아버지 하느님께 해드린 것이 아무것도 없는 죄인일 뿐입니다. 아빠, 하느님! 사랑합니다.

감사와 은총의
성지순례

박동숙 소피아

9박 11일간의 여정은 저에게 감사와 은총의 여행이었습니다. 이냐시오 성인의 회심, 청빈의 삶, 대 데레사 성녀의 열정 등 모든 것이 놀라웠고 이냐시오 성인이 걸으신 길을 따라가며 주님에 대한 성인의 절대적인 사랑과 순명을 느낄수 있는 감사의 시간이었습니다. 또한 이번 순례에 함께 한 학창시절의 옛 친구와 영적 대화뿐 아니라, 세상 사는 이야기로 순례기간 동안 끝도 없이 이야기를 나눴고, 많이 웃고 많이 행복할 수 있는 시간들이었습니다.

개인적으로 오랫동안 저를 힘들게 했던 오빠와 친구 같던 언니가 지금 치매로 많이 힘들어하고 있습니다. 미움과 안쓰러움이 공존하며 마음 깊은 한구석에 어둠이 자리 잡고 있었습니다. 루르드에서 밤에 갑자기 울음 섞인 헛구역질과 무엇인가 토할 것 같은 괴성이 나왔습니다. 친구가 잠에서 깰까 봐 한참을 입을 막고 있었습니다. 무슨 일이지? 혼자 되뇌이며 생각했습니다. 그런데 그 후에 알 수 없는 해방감과 자유로움을 느꼈습니다. 내 마음 속에 있는 어둠을 주님이 당신 빛 안으로 인도하시어 저를 자유롭게 해 주신 것 같았습니다. 마지막 순례 파견미사 때, 언니와 오빠에 대한 기도를 올리고 주님께 그분들에 대한 저의 마음을 봉헌했습니다.

어느 누가 저를 이렇게 사랑할까요?
어느 누가 저를 이렇게 어루만져 줄까요?
주님 감사합니다.
신부님, 수녀님, 그리고 함께했던 동료 순례자님들 감사합니다.
순례의 여정에서 얻은 에너지로 더 많이 주님을 사랑하고
더 많이 주변 사람들과 이웃을 사랑하면서 살아가겠습니다.

영신수련이
가져다 준 은총

정영미 미카엘라

　　　　　　　　비행공포증으로 해외여행을 싫어하지만 꼭 가야겠다고 마음먹은 곳이 하나 있었다. 이스라엘이었다. 그곳에 가서 예수님의 행적을 직접 체험하며 실제로 사셨던 예수님을 내 안에 느끼고 싶은 바람이었다. 그러다가 이탈리아 성지순례를 다녀오시고 순례기를 집필하신 김평만 신부님께서 영신수련을 마친 분들을 위해 순례를 준비한다는 소식을 듣고, 바로 신청하였다. 그리고 출발일이 오기만을 간절히 기다렸다.

　그동안 나는 30년 가까이 살던 곳을 떠나 아는 사람이 딱 한 집뿐인 새로운 곳으로 이사왔다. 우연과 우연이 겹치면서 임상사목 교육과 8박9일의 영신수련피정을 하게 되었다. 영신수련 책자를 받고 강의를 들으면서도 단지 긴 피정쯤으로 생각했는데, 피정 중에 내 영혼의 어둠이 걷히는 것을 느낄 수 있었다. 공허함과 허무함으로 늪을 걷는 것과 같던 마음에 기쁨과 감사가 샘솟고 힘이 생겼다. 그래서 이전까지의 나와는 아주 다른 삶을 사는 내가 되었다. 나중에 8박9일의 긴 피정의 이름이 이냐시오 영신수련이라는 것을 알고 이냐시오 성인에 대한 감사와 공경의 마음이 생겼다.

나를 빛으로 안내한 영신수련의 책자 초안이 집필된 만레사 동굴에 와 보니 특별한 감흥이 일었다. 동방에서 온 방문자들을 만나 열정적으로 설명해 주신 만레사 성지 봉사자, 그리고 통역해 주시는 지도 신부님 덕분에 동굴 위에 지어진 성당을 구석구석 보고, 영신수련 초안을 썼다는 동굴에서 잠깐 기도를 드렸다. 그때 갑자기 마음에 동요가 일면서 아직 비신자인 가족들이 생각났는데 좀 낯선 감정이었다. 동굴 정면에 회색빛 돌과 조각 사이로 아주 선명한 색조의 작은 성화가 보였는데 꼭 성가정 같았다. 그 순간 남편의 구원을 위해 단 한 번도 기도한 적이 없는 나의 모습, 절망으로 인해 남편을 배제시킨 나의 마음, 결국 하느님을 믿지 못함까지, 한꺼번에 드는 생각에 마음이 저릿저릿 아프며 이제서야 성가정이 되도록 기도해야겠다는 깨달음이 왔다.

루르드 성지에서의
감격

김동성 스텔라

"스텔라! 요즘 너무 바빠 보여 괜찮아?" "네, 저 괜찮은데요."

난 괜찮았는데 주변에서 보는 나는 괜찮아 보이지 않았다. 그런 말을 들으며 하루하루를 보내고 있는데 염 수녀님으로부터 전화 한 통을 받았다. "스텔라 자매님, 2월에 이냐시오 피정자들 성지순례 가려고 하는데 가실 수 있어요?"

"네, 알겠습니다." 무조건 "네" 하고 기다림이 시작되었다. 그리고 순례를 떠나는 날까지 가장 평온한 마음으로 성지순례에 임하기 위해 기도드리며 이번 순례를 준비했다.

스페인 바르셀로나에서 시작된 순례는 감탄과 은총 체험의 연속이었다. 사그라다 파밀리아 성당의 웅장함과 빛을 통한 하느님의 현존, 이냐시오 성인과 아빌라의 성녀 데레사, 그리고 십자가 성요한의 발자취를 따라 순례가 진행되면서 성인들의 행적과 성인들이 남긴 메시지들이 은총이 되어 내 마음에 스며들기 시작했다. 그 은총과 감동이 성모님의 발현지 루르드에서 치유의 손길로 다가왔다.

성모님께서 발현하신 자리에서 봉헌한 루르드의 동굴미사는 너무나 감격스러웠다. 기적의 샘물소리와 미사 중 독서와 복음말씀, 보편지향 기도가 함께 어우러져 너무나 아름답게 들려왔다. 촛불 예식에 참여하면서, 기적의 샘물을 마시면서, 성모님의 마음에 잠겼다. 그리고 추적추적 내리는 비를 맞으며 이른 새벽에 혼자 앉아서 성모님 앞에서 묵주기도를 하였다. 정말 모두를 위해서 넓게 깊게 힘 있게 진심으로 간절하게 조용히 묵묵히 기도를 드렸다. 묵주를 들고 하늘을 바라보고 계신 성모님을 보며….

하느님 감사합니다.
예수님 감사합니다.
성모님 감사합니다.

남호우 스테파노

기다리고 기다리던 순례를 시작하는 비행기에 올랐습니다. 이번 순례는 이냐시오 성인과 십자가의 성요한의 영성을 공부하시고 박사학위를 취득하신 김평만 유스티노 신부님의 주도하에 신부님께서 지도하신 영신수련 피정을 마친 교우들이 함께 하는 순례였습니다. 초보 신앙인인 나로서는 영성적으로 한참 고수인 교우들에게 방해되지 않을까 매사에 말과 행동을 조심하며 이번 순례에 참여하였습니다.

아홉 번의 미사에서 현지 성당의 네 번의 미사, 특히 로욜라의 이냐시오 성인의 생가에서의 미사와 마지막 파리의 이냐시오 성당에서의 미사 봉헌도 모두 뜻깊었으며, 다섯 번의 호텔 미팅룸에서 봉헌한 미사 때, 이번 순례에 함께 하신 염 수녀님의 요청에 따라 베드로 형제님과 함께 미사 준비에 참여할 수 있어서 더욱 좋았습니다. 평생 의과대학에서 실험실 생활을 하며 지내올 때, 매 실험 때마다 성공적인 결과를 얻고자 하는 기대감을 갖곤 했는데, 이번 순례에서도 매 미사 때, 신부님의 강론 말씀에 기대감을 가졌습니다. 그리고 그 강론 말씀을 통해 제 신앙이 두터워지는 체험을 하였습니다.

16세기 스페인, 프랑스, 합스부르크와 이슬람의 강력한 왕국들의 각축과 위그노의 도전에 대해 가톨릭을 지켜내고자 했던 성이냐시오, 아빌라의 성녀 데레사와 십자가의 성요한, 세 성인을 제 마음 안에 모실 수 있음에 감사드립니다. 또한 순례의 여정 안에서 긴장을 적절히 해소해 주는 명소들로 이루어진 새로운 성지순례 루트를 개설한 신부님과, 그 루트가 순조롭게 진행되도록 현지를 매일 점검해 주신 퍼시픽블루 여행사 홍 대표님께 감사드립니다. 로마 순례 후 "순례는 계속된다"던 신부님의 말씀을 되새기며, 아낌없는 배려로 순례에 같이 한 동료들에게도 감사드립니다.

장영섭 대건안드레아

이번 이냐시오 루트 성지순례는
김평만 유스티노 신부님께서 영신수련을 받은 교우들을 중심으
로 계획하셨습니다. 하지만, 하느님의 은총으로 저와 아내 요안
나는 이스라엘, 이태리에 이어서 세 번째 성지인 스페인도 함께
할 수 있었습니다. 출발 전에 성지순례에서 만날 뵈올 로욜라의
성이냐시오, 아빌라의 데레사 성녀, 그리고 십자가의 성요한에
대하여 동영상을 시청하고, 인터넷을 찾아보고, 가이드북을 만
들면서 성인들께 좀 더 가까이 다가갈 수 있었습니다.

우리나라 103위 성인은 순교로서 신앙을 지키고 성인이 되신
분들이라면 이번 성지순례 기간 동에 만나 뵌 성인들은 중세시

대에 위기에 처한 교회를 바로 세우고자 자신을 하느님께 바쳐서 성인이 되신 분들이었습니다. 특히 로욜라의 이냐시오 성인은 귀족 가문의 군인으로서 전쟁터에서 부상을 당하고 고향에서 치료받던 중 독서와 깊은 회심 안에서 예수님을 뵙고 성인이 되신 분이라서 군인 출신인 저에게 좀 더 친근하게 다가왔습니다.

하느님의 아들이 인간이 되시어 우리 곁에 사셨듯이 그동안 멀게만 느껴졌던 성인들의 삶이 우리들의 삶 속에서도 함께 있었다는 것을 이번 성지순례를 통하여 알 수 있었습니다. 하느님의 샘물 같은 은총을 담기 위해 매일매일 내 그릇을 넓히는 삶을 살고자 합니다.

하늘 높은 데서는 하느님께 영광, 땅에서는 하느님께서 사랑하는 사람들에게 평화.

참고문헌

1. San Ignacio de Loyola, Esercizi Spirituali, a cura di P. Schiavone, San Paolo, Milano, 1995.

2. San Giovanni della Croce, Opere Complete, San Paolo, Milano, 2001.

3. Jose Luis Irriberri, Guide to the Camino Ignaciano, Ediciones Mensajero, 2023.

4. 이냐시오 로욜라 자서전, 이냐시오 영성연구소, 1997.

5. 예수의 성녀 데레사 지음, 서울 가르멜 여자 수도원 옮김, 〈천주 자비의 글 : 데레사 성녀 자서전〉, 분도출판사, 2002.

6. 예수의 성녀 데레사 지음, 최민순 옮김, 〈완덕의 길〉, 바오로 딸, 2000.

7. 예수의 성녀 데레사 지음, 최민순 옮김, 〈영혼의 성〉, 바오로 딸, 2000.

8. 예수의 성녀 데레사 지음, 서울 가르멜 여자 수도원, 윤주현 공역, 〈성녀 데레사 창립사〉, 2018.

9. 십자가의 성요한 지음, 최민순 옮김, 〈가르멜의 산길〉, 성바오로출판사, 1993.

10. 십자가의 성요한 지음, 방효익 옮김, 〈어둔 밤〉, 기쁜 소식, 2005.

11. 메리 퍼셀 지음, 김치현, 김학준 옮김 〈베드로 파브르 성인〉, 가톨릭출판사, 2017.

12. 윤주현 지음, 〈가르멜 영성의 발자취를 따라서〉 기쁜 소식, 2014.

13. 윤주현 지음, 〈현대인을 위한 성녀 데레사의 영성〉, 기쁜 소식, 2015.

14. 마르셀 오클레르 지음, 부산가르멜 여자수도원 옮김, 〈아빌라의 데레사〉, 분도출판사, 1993.

15. 르네 로랑탱 지음, 정순남 옮김, 〈벨라뎃다 성녀의 작은 삶〉 바오로 딸, 2011.